DOG

别乱教你的狗

汉克 著

拆家
是不是你
很多次了……

中国轻工业出版社

编者序

　　"最乖的总是别人家的孩子!"这是许多狗主人内心的想法。但是,真的是这样吗?

　　狗是全心全意、眼中只有家人、活在当下的动物;反过来说,没有一条狗天生就想咬人、攻击人、胆怯害怕、恐惧自残……

　　这中间发生了什么,造成了如此的转变?

　　狗就如同一张白纸,互动状态、生长环境、共处家人这些不可避免的因素塑造了狗的行为表现。这其中,与狗共同生活的人的影响是最大的:我们可以爱狗,但不能宠过头;我们可以教狗,但不能打过头。这过与不及的拿捏,对许多狗主人来说,很难。但是对于异常行为校正的训犬师汉克来说,这就是专业。

　　也许我们无法复制汉克的头脑,但我们可以跟着汉克,学习如何正确地与狗建立关系,帮助狗建立自信心,给予正确的引导!

　　你也有狗行为问题的困扰吗?期待你们可以从汉克的文字中,获得正确的指导和建议,与狗一起幸福地生活。

自 序

那一年，我22岁。有一天，我在翡翠水库的下游游泳，游着游着，突然听到后方有一个物体快速地接近我。回头一看，原来是一条狗正在水里追着我游！

上岸后，我询问狗主人这是什么品种的狗，他告诉我这是西伯利亚哈士奇。

原来西伯利亚哈士奇这么帅气啊！我立刻爱上了这种狗，也想养一条这么帅气的狗。我要每天带它过来游泳，我要每天带它去跑步，我要每天喂它好吃的食物……我开始在心中规划着、想象着我与西伯利亚哈士奇的美好画面。

狗主人是一名对哈士奇相当了解的繁殖者，但是除了哈士奇之外，对于其他品种的狗就不甚了解了。我等待着新生命的到来，在那段时间，繁殖者告诉我狗爸爸是谁、狗妈妈是谁、爷爷奶奶曾祖父曾祖母……一直到曾曾曾祖父祖母，祖宗八代直系与旁系全部都告诉了我，什么亚瑟王啊！太阳王啊！黄金眼！C4！宏达11！全家福！巴黎·达喀尔……一直讲到了台湾哈士奇的鼻祖巴纳尼根！

将近一年后，我终于等到了新生命的到来，它是我生命中的第一条哈士奇，我给它取了个名字叫作"耐斗"！

将耐斗带回家的第一天，因为家里没有空调，它热得睡不着。当我将冰箱打开时，它居然冲到冰箱前面，秒速熟睡！

耐斗的这个行为让我意识到，有什么事不对劲。一问繁殖者才发现，原来在他的犬舍里，空调是24小时运转的。于是我赶紧带着耐斗住进了当时我所任职的公司，因为只有在公司里，才能每天都开空调。

为了耐斗，我努力工作、认真存钱。两个多月后，我总算买了台空调，再也不用为了给耐斗吹空调，而一直住在公司里。

我的第二条哈士奇是"末末"。写到这里，我的眼眶开始湿润了，我真的好想念耐斗和末末啊！

就这样，从自己饲养哈士奇开始，我认真地研究关于哈士奇的种种知识，从日常生活中的饲养管理开始，到洗澡美容和训练。人与狗亲密到一起运动、一起吃饭，就连睡觉也是睡在一起。我们每天都生活在一起。耐斗和末末是我的启蒙老师，它们激励、鼓舞我，让我一直坚持在这条路上，让如今的我变得更加强大。

这本书是写给它们看的，虽然它们不识字，但是我相信，如果它们还在世，看到我在认真安静地写书，一定会趴在我的脚边陪伴着我。四目交接时，我会伸出手摸摸它们，它们也会给我温暖的回应，或许是舔舔我的手，或许是呜呜叫几声。

耐斗、末末，谢谢你们这十多年来一直陪伴着我茁壮成长！爸爸想要成为一位优秀的训犬师；爸爸想要将自己的专业技术传承给学徒们；爸爸想要写一本书，让大家知道爸爸的名字，更要让大家知道，给狗正确的教育是非常重要的事情！

如今，爸爸我做到了！

推荐序

🐾 郑至坤 / 台南市育德工家学务主任

本书作者汉克（吴建宏），是一位具有高知名度的狗专家，但少有人知道他也是一位武术高手。1994年他读高职时，加入了学校武术队，跟随我拜入南派少林十八罗汉拳门下，学习拳术、兵器以及自由搏击的功夫。他曾经获得多项武术比赛奖项，同时也开启了建宏武学的修为，进入上层武德境界。在汉克的身上没有是非的模糊地带，他对功夫及技术要求极致、精进，绝不敷衍，宁可一思进，莫在一思退，身上的功夫是他严格坚持的结果！

我们常说狗是人类最忠实的伙伴，它对我们忠实，所以我们爱它，珍惜且习惯它的陪伴。但是，我们却都不了解它，常以人的观点来对待它。本人从事教育人的工作25年，担任教导主任15年，处理过各类型的学生及事件，例如：帮派、团伙、毒品、杀人……以及灵异事件，此外从事武术教学与训练已经30年。我可以将一个学生培养成为武术冠军、亚运会或世界杯选手，那是因为我们可以沟通、找出问题症结所在，进而解决问题，运用教育方法、手段改变行为与观念。

汉克将狗的教育方法与沟通方法归纳成一门学问，系统地对狗主人的问题逐一解答。我不懂狗，无法知道狗心中的想法，但是我相信，狗一定很喜欢汉克，因为汉克能从狗的吠叫声、动作及眼神中深入了解它们。狗主人们必定能够通过这本书成为狗的好朋友。这本书会是宠物界的经典。

在武术界有一句话："一身转战三千里，一剑曾当百万师"（摘自王维《老将行》）。汉克在养狗、训狗方面的造诣犹如武学，加上武术家精炼的性格，虚怀若谷、精益求精的心态，以他的专业领域成就一定可以在饲养宠物、教育毛小孩方面给大家有益的帮助。恭喜建宏！也祝福大家！

🐾 林明顺 / 中国台湾大庆宠物医院院长

我认识汉克将近18年了。一开始我以为他与一般的宠物业者一样，但是随着时间慢慢变长，我发现原来汉克很不一样！

站在宠物医生的角度来看，汉克相当注重狗的防疫和医疗。他甚至曾经到动物药品公司任职，去学习许多我们动物医学领域的知识。也因为如此，这些知识让汉克在日后经营训练学校时，有着与常人不同的表现！

我本人也是训犬师，我认为训练狗需要有四个心：一是爱心，二是信心，三是耐心，四是恒心。接下来就是等时间到了之后狗就学会了。当我知道汉克在开展凶猛犬行为矫正时，我再次看到他与众不同之处。

一般而言，训犬师只要秉持着爱心、信心、耐心与恒心，按照标准作业流程的步骤进行，即使每一条狗都不同，仍可以采用相同的训练方式，呈现出相同的训练成效。

但是汉克的训练技术是行为矫正，这是一门没有办法固定训练流程的学问，因为每一条狗的性格、生活环境和狗主人所给予的原生家庭教育都不尽相同。汉克在为这么多的狗进行异中求同的训练，让狗不再咬人、让狗情绪稳定、让人不再害怕狗，这属于较复杂的训练技术。

为什么我说这属于较复杂的训练技术呢？因为除了狗当下的行为问题之

外，还有这些行为问题出现前后所涉及的各种情况，都必须做出相应的课程设计。尤其是要消除狗主人因被狗咬而产生的极度恐惧害怕的心理压力，实施者的经验要很丰富，才能够设计出针对各种不同行为问题的训练矫正方案，才能够真正对症下药！

这本书的内容有别于一般的犬只训练书籍，实用性相当强。最后，我相当认同汉克说过的一段话："每一条狗都是独立的个体，因材施教很重要。每一个行为问题也都是独立的问题，那些一成不变的训练方式不见得会适合每一条狗！"

🐾 蔡进发 / 中国台湾畜犬协会训犬师教师、全犬种审查员

我在养犬界工作将近一甲子的时间，培养过许多优秀的训犬师。有几位学生是带艺投师的，汉克就是其中之一。

汉克是一位对狗很有爱、很有热忱的学生，他本身的领域是狗的行为矫正训练。他对狗的各方面知识都很熟悉，他知道狗在想些什么，他知道该用什么方式去矫正狗狗各式各样的异常行为。

多年来，养犬界的知识与技术大都是以口耳相传、代代传承为主。汉克将自己的知识与技术用文字来呈现，告诉大家狗为什么不乖、狗为什么咬人、狗应该怎么教育，这在养犬界中是一项创新。

养犬界的专业人士与一般的家庭宠物犬之间是息息相关的，唯有养犬界人士自我砥砺、精益求精，才能受到人们的尊重，进而影响到一般狗主人重视每一条狗的饲养与教育方式。我想汉克总结自己在养犬界十几年来的经验写下本书时，心中的想法是要让大家知道，正确饲养狗的方式与正确教育狗的方式都是同等重要的！

狗，仅仅只是主人生活中的一部分，但主人是狗的全部。如果说人的一生是三分天注定，那么狗的一生就可以说十分都是由主人来决定的吧！

松狮犬那毛茸茸的外形和厚厚方方的嘴巴，还有像玩具熊一样天真无邪的眼神，使得人们对松狮犬有很多温顺的幻想。一定还有很多人不知道，从先天条件来说，松狮犬其实是性格固执、具有相当攻击性的犬种。训练得当可以是很棒的家犬、护卫犬，而没有获得正确训练的松狮犬却可能成为伤人的猛兽。因此，主人的教养方式便显得非常重要。注意，若有一条家犬发生了不当的行为，那一定是主人在教养过程中忽略了它给主人发出的警示。我们可以用语言文字来表达，狗却没有，但它们会通过肢体行为来告诉你。人类对具有不同感官能力以及迥异思考行为模式的动物了解非常有限，这也是为什么我们需要寻求专业训犬师帮助的原因。

关注、接触松狮犬救援这些年，本协会相当明白也坚持，送养每一条曾被弃养的松狮犬之前，除了走完医疗流程之外，首要任务是先了解狗的性格，亲人？亲狗？护食？追咬？在未确定狗的行为状况之前，不可以轻易送养，避免因二次弃养而导致心理创伤式的不信任，进而造成难以矫正的异常行为。

汉克过去帮助我们矫正、临时寄养过许多待领养的松狮犬，并要求欲领养松狮犬的准主人一定要跟狗一起上课、互动，了解该如何与未来的"家人"共处，建立正确的相处模式与饲养观念。

正在阅读这本书的你，也许正被爱犬的一些行为困扰着。继续读下去吧！让我们一起仔细聆听、观察爱犬对我们"说的话"和对我们展现出来的肢体动作，让我们与爱犬关系更紧密。

🐾 斑娘 / 宠物沟通师及宠物按摩师

过去几年，我曾是一家全开放式住宿宠物旅馆的负责人。

认识汉克，也是在经营宠物旅馆这些年。我以前就在网络上陆陆续续看到过汉克写的文章，知道他是一位针对问题犬的行为训练师。有一天，有位狗主人带了一条哈士奇来住宿，聊天时提到这条狗是汉克救援的并在训练后由他领养。许多宠物旅馆并不乐意接受哈士奇住宿，我却从不拒绝。我曾接待过许多哈士奇，但对于这条稳定的哈哈仍印象深刻。

真正牵起了我和汉克缘分的，是一条米克斯犬——小黄。起因是一位志愿者为了给她救援的临时寄养狗矫正严重胆怯、攻击的行为，而聘请汉克到我店里来教学。第一次见面时，骑着自行车出现的汉克虽然穿着简单朴实，却有着如狼群领导者般的气势。当然，在短短1小时里，汉克展现了他的观察力和专业性，让刚开始时惊慌的小黄慢慢迈出自信的步伐，享受散步的乐趣。

在店里工作的时候，常常有客人问我："你们有几个人？"意思是，店内的狗有大大小小十多条到数十条，要好几个工作人员才能管理这么多的狗吧？也常有客人问我："这里谁是老大？"我都毫不犹豫地回答："我啊！"是的，只要确立谁是老大，狗的管理并不难。一旦知道怎么确立规矩，即使面对狗群，管理也一点不困难。

这就好像幼儿园老师。知道方法的老师，一个人也能掌控一班幼儿。而没有经验的新手老师，即使两个人也摆不平一小群孩子。在陆陆续续接触过近千条狗之后，我更深刻地感受到，狗的行为问题和狗主人的教养方式有相当大的关系。

这些年来，每每与汉克聊天，总能获得更多的收获，也印证了更多与狗相应的共处方式。在亲眼看见汉克那由数十条哈士奇组成的、井然有序的狗群后，更让我庆幸能有缘认识这样一位优秀的训犬师。

这本书是汉克多年教学经验的分享，仔细体会这本书的内容，相信大家也会对自己与狗的相处模式有新的认识和调整。

就让我们和狗一起幸福地生活吧！！

❧ 艾里森·黄 / 宠物沟通师

因为一条临时寄养的流浪狗——哇贵，我与汉克从此成为无话不谈的好友。不论是宠物行为矫正或是动物沟通，我们曾经堪称"史上无人能敌"的合作模式：行为矫正师＋沟通师。

汉克给我的第一印象是面无表情、眼神锐利，像极了黑帮兄弟，与他熟稔后更确切明白面恶心善的含义。只要与流浪动物有关的活动，他二话不说全力支持，如流浪动物认养、宠物血液比对或捐血、倡导宠物领养和宣传教育、无条件接受领养人咨询宠物训练等相关知识，以及救助流浪狗并协助领养人进行免费移交训练、参与多场动物沟通分享会。我们曾经举办过一场宠物行为学及宠物心灵沟通的公益讲座，将募得款项捐给流浪动物及医疗项目，当然还有数不清的个案协助等。

每个宠物都是独一无二的，通过沟通，不仅可以知道它们的想法及情绪，也能了解它们与主人及社会之间的生存关系，然而每个生命体的思、情、欲皆与行为及生活方式等惯性模式有关。人类的惯性建立在思维上，思想改变行为；而宠物的惯性建立在行为上，行为改变思维，有效的宠物沟通＝沟通＋行为训练。诚如汉克所述：训犬师是人与犬之间的沟通桥梁。这与沟通师有异曲同工之妙。无论是极度凶猛咬人、精神异常导致自残，还是宠物医生建议安乐死的宠物，在汉克的专业训练下都能重获新生，成为每位主人疼爱的宝贝。

挑战高难度的矫正训练，越难搞定的行为异常问题，越能激起汉克的斗志。想办法训练它，成为人见人爱的毛小孩。就是这股不服输的精神，造就汉克在生活及工作中具备举一反三的敏捷反应和反向思考的能力，不仅在沟通运作过程中激发灵感及创意，更是细腻专注及冷静观察每个细节，胜任不可能的任务。若非带着人本观念，坚持不打、不骂的训犬方式，怎能轻易解读人类与动物彼此在想什么呢！

我很欣赏汉克面对任何挑战时胆大心细、实事求是的精神。在他的字典里没有做不到，只有想办法去做。态度决定一切！虽然汉克待人接物很有原则，但人情味不曾淡过，更不曾因对方的身份而区别对待。他会在详细分析及判断后给对方适当的建议及协助，他是每位狗主人在失去方向时最可靠的浮木。

感谢汉克给予机会，让我为他的新书写推荐序。相信这本书对每个养宠家庭及毛小孩都会有很大帮助。

目　录

2 转变你和狗的思想

3 把训练融入生活

4 让失家的心重新温暖

CONTENTS

1

狗主人的
疑惑、伤心和愤怒

为什么我的狗会咬我

宠物新定义：伴侣家人

以前，我们养狗大都是为了看家，那个时期的狗还谈不上是"宠物"。我们平常与狗的互动，大都只是简单地喂食和打扫排泄物，人与狗之间的关系单纯不复杂。在单纯的关系里面，狗没有机会与人建立起不正确的关系，偶尔遇到主人心血来潮去摸摸这条狗，狗就会显得相当高兴，很乐意、很开心地让人抚摸它的身体和被毛。

如今，我们养狗的心态已经全然不同，狗是家庭成员的一分子。在人与狗的称呼上，我们常常可以听见人对狗说的话已经拟人化，这更是直接反映出狗在我们心中的地位与重要性。我们可以知道，狗已经跳出宠物的定义，狗就是我们的家人。我们与狗之间互动的频率增加了，跟狗一起散步一起玩、抱着狗坐在沙发上看电视，甚至于让狗跟着我们一起睡在床上。

有研究指出，狗是有智慧的动物，除此之外，狗也是最能够贴近人类思想和情感的动物之一。事实上，每一条狗都有自己独特的性格，就跟人类一模一样，也就是说，狗会表现出喜怒哀乐等各种不同的情绪，其中也包括接下来我要跟大家分享的攻击、咬人情绪。

与狗对人类的攻击行为相比，狗与狗之间的攻击行为的原因较为简单。

我们来看看天生天养的野生狗（在人类的社会意识下，我们可以称为流浪狗）。流浪狗具有群体生活的习性，胜者为王是领袖意识，占地为王是地域意识（地盘意识）。当流浪母狗发情时，公狗会产生繁衍后代的激素分泌意识，这些情况下产生的攻击行为都是正常的。但是，一旦攻击的对象是人类时，这个攻击行为就会变得相当的复杂。

被人类饲养的狗，也可以称为家犬。狗是俗名，犬是学名。狗与我们共同生活在一起，与我们之间的互动相当频繁，加上狗有独特的性格，也有记忆力和思考能力，因此当狗与我们共同生活时，对狗而言就是群体生活。

在狗与我们的群体生活里，我们提供食物给狗，所以在正常的状况之下，狗会认为我们的地位比较高。但是生活中的实际情况不完全这样，地位关系并不是单纯通过喂食就能够建立起来的，而是我们与狗在日常生活中的种种互动里，一天一天慢慢建立起来的。

我来举几个日常生活中的例子。

"走路暴冲"这个行为在狗的思维里是不存在的，但是狗到家后出现了人与牵引绳这些复杂的关系与物品。当我们带狗出门散步时，狗拉直牵引绳拖着我们走，这就是狗在领导人，而非我们所想的——我们在牵制狗，因此，步调是要放慢还是要暴冲，便由狗来决定。

我们准备了玩具球给狗玩，狗叼着球来到我们面前，我们伸出手欲将球自狗的口中拿过来，但狗不愿意将球交出来，这就是狗有自我意识。再举一例，我们每天在固定时间带狗出门散步，假设有一天我们因为某些原因无法带狗出门，此时狗就会叼着牵引绳来到我们面前，告诉我们该带它出门了，这就是狗对人产生的制约要求反应。

诸如此类，在日常生活中，有着各种各样的人狗互动行为，让狗有机会发展出不正确的人狗关系。若狗的领导欲望再强一点、自主意识再强一点、制约要求反应再激烈一点，那么狗的异常行为将会无限放大。

为什么我的狗会咬我

家犬会咬自己的主人只有两个原因，一个是被主人给宠坏了，另一个就是被主人给打坏了。

被宠坏的狗，拥有至高无上的领导权，叫你摸它你就会去摸，摸着摸着又不要你摸时，它就会露出獠牙（甚至开口咬）叫你住手。假设你们睡在一起，如果你在它熟睡时翻个身吵醒它了，它就会咬你，这是在惩罚你将它给吵醒了。

被打坏的狗，整天都很害怕跟你一起相处，能离你多远就离你多远。它的神经紧绷着无法放松，导致性格越来越敏感，因而激发出狼的原始性格，它开始意识到它可以、它必须要攻击你，这样才能够免于被暴力对待，才能够自己保护好自己。

为什么我的狗会咬我？所有的原因都出在狗主人自己的身上！

汉克这样说

单纯养狗和用心养好一条狗是截然不同的，后者需投入许多时间、精力和金钱，并重视狗的心理素质。

犬种性格特点、先天性格遗传与后天性格养成

每一个人都有自己独特的性格，即使是孪生子，各自的性格也不会完全相同。孩子年纪小时或许性格差异还不明显，随着渐渐长大，离开父母进入了校园之后，接受来自各方面的不同刺激，性格就会往不同的方向发展。

我之所以用孪生子来举例，是因为狗是多胎动物，每一胎出生幼犬的数量多则十几个少则一两个。同人类的孩子们一样，同一对父母犬所生的幼犬，长大之后，各自性格其实都会不同。接受了各方面的刺激后，每一个孩子的性格会往不同方向发展。当然，同一对父母犬第一年交配生出来的狗，与第二年再次交配生出来的狗，即同一对父母犬在不同年份所生出来的狗，其性格也存在差异。

虽然每一条狗的先天性格不完全相同，但是有一种东西可以让我们参考，那就是每个犬种的性格特点。

当你看到这里的时候，请放下书本想一想藏獒、金毛巡回犬、哈士奇、柴犬、贵宾犬等各种不同品种的狗，各自的犬种特色是什么。

藏獒带给我们一种威武、沉稳却具有相当攻击性的印象；金毛巡回犬活泼、大方且友善亲人；哈士奇则是热情、友善却野性十足；柴犬安静、沉稳却也独来独往；贵宾犬机灵、调皮却敏感易吠叫。

是的，不同品种的狗带给我们的这些感受，就是各犬种天生具有的性格特点，是随着遗传基因代代相传、永远不会被抹杀掉的性格特点。同时我们也要明白，同一犬种会存在很相近的性格特点，在这些相近的性格特点里面，会再细分出完全不同的性格。

各犬种的性格特点，决定了它所适合的饲养管理方式和训练方式。因此，并不是每一条拉布拉多都可以训练成为导盲犬；而搜救犬，也不是自主意识高的哈士奇可以轻松胜任的；至于性格温和的狗医生（也叫治疗犬），基本上跟凶猛的藏獒没有缘分。

后天给予的刺激决定了每一条狗在犬种性格特点基础上的性格差异。所谓的刺激泛指给狗的感官刺激以及记忆和习惯刺激，而且不会只有单一刺激，也就是说刺激的来源是多方面的。

狗的感官系统与人类相同，也就是视觉、嗅觉、听觉、味觉、触觉，甚至连痛觉都与人类相同。在日常生活里，若按前三项感官系统使用顺序来比较，狗的优先使用顺序为视觉优先，嗅觉其次，听觉则是最后。

若将狗饲养在笼子里面，盖上不透光的黑布，让狗的视觉无法有效使用，时间久了，狗的听觉就会被强化。当视觉感官变为最后，而听觉感官被优先使用时，狗的性格也就会变得更敏感。笼子外面一有风吹草动，若是狗不熟悉的声音，狗就很容易出现吠叫警示行为。

上述的举例是相当不人道的饲养方式。我再换个较常见的例子来说，将狗饲养在屋子里面，每天能在屋子里面自由走动，假如狗的自主意识高，整间屋子就都变成了狗的地盘。当屋子外面出现了邻居的脚步声、交谈声、钥匙开锁声等不明声音时，由于狗的视觉被墙壁和门遮蔽了，所以狗的听觉被强化了，加上狗在屋子内产生了地盘意识，性格变得更敏感，狗就会出现吠叫警示行为，而且当屋子外面的声音距离屋子越近时，狗的吠叫声也会越大、越急促。

这样的行为表现即是后天人为养成的。

上文中的狗吠叫警示行为大都发生在公寓大厦里。我们大多数人只意识到这样会给邻居造成极大困扰。但是我们却不明白，这其实是错误饲养方式所造成的。

如果将狗饲养在屋子里，狗吃饭、休息和睡觉的地方都在笼子内，且笼子的位置位于屋子里的最深处，远离走道远离门，将狗的地盘缩减到笼子里，并且保证每天带狗出门适度地散步和运动，让狗充沛的精力得以宣泄，又有安全感十足且安静的笼内地盘，让狗得以安稳睡眠，那么狗的听觉感官和性格敏感度将难以异常发展，自然不会出现警示吠叫的行为。

简单来说，我们用什么样的饲养管理和教育训练方式对待狗，狗就会发展出相应的性格与行为，这就是所谓后天人为的性格养成。尤其是年龄尚小的幼犬，性格如同一张白纸，我们给予的饲养管理和教育训练将全部成为幼犬成长期的养分。我们用平稳的心情去饲养幼犬，用规律的生活去管理幼犬，用合理的教育去训练幼犬，当它渐渐长大之后，即使是原生犬种特性属于凶猛犬的藏獒，仍然能成为一条温和稳定的狗。

相反，如果我们时常心情起伏很大，时常动不动就去戏弄幼犬，上一秒跟它又亲又抱，下一秒对它不理不睬，使它困惑、难以理解我们的情绪，若再加上对它实施打骂，那么，即使是犬种特性温和的狗，例如金毛巡回犬、边境牧羊犬、喜乐蒂牧羊犬等，都将会被后天人为养成扭曲的性格，产生各式各样的行为问题。而且，随着年龄渐渐长大，它会发现自己的力气变大了、自己的牙齿更锋利了，这个时候所出现的异常行为，将会比幼犬时期更加剧烈、严重。

汉克这样说

犬种的性格特点，决定了它所适合的饲养管理方式和训练方式。

狗的高度自主意识

我是狗的异常行为矫正训练师，面对每一条具有异常行为的狗时，我必须去了解一个非常重要的信息，那就是"狗在想些什么？"

散步是狗与人类相处时最经常、最平凡不过的互动行为，别小看这个散步的动作，里面包含了许多令人意想不到的信息。这也是为什么我到每一位狗主人家中上门教学时，与狗主人见面后的第一个要求就是请主人牵狗散步让我看看。

狗是可以习惯群体生活的动物，当狗与主人一同生活时，狗与主人之间便形成了一个小群体。狗也是具有领袖意识的动物，尤其当一群狗在一起生活时，我们不难发现里面所谓的"狗王"是哪一条狗。在狗与主人所形成的小群体里，当狗很聪明、很古灵精怪（或是称为奸猾）时，狗将会尝试去领导主人，严重一点甚至还会尝试去支配主人。

我们可以从主人牵狗散步的状态里判断出狗对主人的领导意识达到什么程度。这很容易判断，就看狗走在主人的什么位置。正常行为中，散步时，狗会走在主人的前面，即使主人改变行进方向，狗仍然会马上走到主人的前面，但是并不会用力拖着主人走，也不会过度在意身边经过的来往路人。

若狗已具有领导意识，狗除了会走在主人的前面之外，还会加快自己的速度，强拉着主人前进。若是同时具有敏感性格的狗，当主人特意不配合狗的行进速度时，狗可能会回过头来咬主人手上的牵引绳，甚至转身回头攻击主人，这个反应表示，狗不愿意被它觉得地位比自己更低的主人约束、牵引。

一条狗表现出高度自主意识时，代表着这条狗被主人宠坏了的可能性很大，这种"宠坏了"其实都是在日常生活里不知不觉养成的。你跟狗一起坐在沙发上看电视时，狗趴在你的怀里；上床睡觉时，狗睡在你的床上，并在你降低身体高度躺平时站立起来（甚至站立在你身上），然后居高临下地看着你；狗叼了一个玩具球跑到你面前，你接过手来将玩具球丢出去；你准备喂狗吃饭时，狗对着你大声吠叫，甚至用前肢触碰你、催促你；你准备带狗出门散步时，门一打开，狗不管你的鞋子穿好了没有，就一股脑儿地拉着你出门……

首先我们要知道，高度对狗而言的意义非常重要。如同我们在跟小孩子说话时，若蹲下来跟小孩子视线齐平说话，大人把身段放低，小孩子感受到的压力会比较小，信息接收度也会比较高。

一条地位低的狗绝对不会居高临下地看着领袖狗，更不会用自己身体的任何部位去压或搭在领袖狗的身上，避免向领袖狗宣示主权。相对的，领袖狗也不容许地位低的狗对它做出种种宣示主权的动作。狗叼了玩具球跑到你的面前，是在叫你丢球给它玩，于是你乖乖听话照办；准备喂狗吃饭，狗对着你大声吠叫，它是在叫你快一点快一点，于是你也乖乖听话照办；准备带狗出门散步时，门一打开，狗就拉着你出门，其实是反过来由它带着你出门散步……

面对这样有高度自主意识的狗，若问题行为只是单一的行为，我们也许可以选择忽略；若问题行为转变成为一连串行为问题，就表示所有的行为问题全部都是环环相扣。我们就必须正视这些行为问题，通过服从性训练来矫正。

汉克这样说

我个人认为狗不要太过聪明，萌萌呆呆的狗会比较容易饲养和管理。

狗的抗压性低

每个人的抗压性都不同，有高有低。我们可以在生活里得到提高抗压性的历练，又或者是通过训练，锻炼自己的意志力，提高面对压力时的耐受度。

谈到先天性格胆怯的狗，我曾经教过一条流浪高山犬，它的性格很极端，看到喜欢的人出现时显得活泼正常；但平常带它出门散步时却又异常胆怯、害怕，那种胆怯、害怕的程度，甚至会引起对人的自卫性攻击。暂时撇开自卫性攻击不说，它的性格异常敏感，当警车、消防车或救护车的警示灯光不小心照到它时，就会崩溃；在黑暗环境中经过一夜的睡眠后，当早上打开门、阳光照进来那一刻，它也崩溃；牵着它离开笼子，只走一步就不愿意继续往前走；树上掉下来的落叶碰到身体，它也崩溃；细微的小雨滴落下来碰到身体，它也崩溃。当然，它无法接受牵引绳、项圈、嘴套和伊丽莎白圈等，实施任何套与围的动作，它都会以攻击、咬人做回应；它无法接受陌生人触碰身体，它会闪避，若闪无可闪时，也是以攻击、咬人作为回应。

性格极度敏感的它，崩溃时的反应是用尽办法把自己藏起来，把头跟身体塞在角落里不断发抖，谁来呼喊都没用。发抖的最久纪录为连续12小时，这期间，它就是一直发抖，完全不移动，也不吃、不喝、不大小便。

我用尽了办法，以提高它的抗压性。就以日常散步这件事为例，我先将散步的路线安排在距离犬舍大门10米处，等它习惯了这个距离、不再因受外界环境刺激而惊恐地想跑回笼内时，我才再将散步的距离加长为20米。如此逐渐将散步距离拉长，同时也逐渐将时间拉长，让它喜欢上出门散步之后，再开始进行服从训练，最终目的是利用服从训练，提高稳定性和降低敏感度。

我花了足足一年的时间，才慢慢让这条高山犬的生活回归正常。给领养人也上了将近40堂的移交训练课，才让狗认识、信任与服从领养人。

而后天人为养成的胆怯、害怕性格，绝大多数都是被主人不正确对待后形成的。这样的狗，不同于先天性胆怯、害怕的狗，它胆怯、害怕的并不是存在于生活环境里的事物，而是它的主人，主人就是让狗产生压力的主要原因。

我们需要做的只是将狗带离原环境、离开主人，试着让狗恢复规律的生活作息，同时，通过游戏去强化它的自信心。在这种情形下，我甚至建议让狗拉着我们暴冲都没关系，等狗的自信心恢复后，再开始进行服从训练，最后，再与狗主人进行移交训练。除了再三告诫狗主人不可再用过去那种错误的方式对待狗之外，我们也会重新建立狗对主人的信任，自然而然，狗慢慢就不会再对主人感到恐惧害怕了。

我曾经教过一条柴犬，它会狠狠地自残，将自己咬得皮开肉绽、鲜血直流。它被多位宠物医生诊断为强迫症（请参阅第140页"强迫症"），其中有两位宠物医生诊断为没救了，建议主人将其安乐死。主人不愿意放弃他的爱犬，带着它遍访名医与名训犬师，最终，柴犬来到我的犬舍接受训练矫正。

在教狗时，我会试着去换位思考，了解狗在想些什么。奇怪的是，我无法了解这条柴犬心里真正在想些什么。我换了一个方法，不断带它做各动作，接着观察它会出现什么样的反应。

例如，我带它去跑步，它会很开心，一路快乐地奔跑。途中，我刻意停下来，牵着它立定不动，即使它想继续跑，我也丝毫不动。于是，它开始生气，不断转圈圈、咬自己的尾巴。每当看见它准备要转圈、咬尾巴时，我会立刻继续跑步。一旦跑起来，它的情绪就会马上恢复正常，屡试不爽。

在人类医学运用上，阻断法常见于强迫症患者的行为治疗。基于同样原理，我利用跑步去阻断它陷入转圈圈、咬尾巴的情绪思路。但是，难就难在总不能一直不停地跑吧！几次之后，我开始要求它保持站姿原地等待，看似它无所事事地站着，实际上是在服从我给予的命令。在它完成这个任务之后，紧接着就是我充满爱的拥抱和奖励。

我认同宠物医生的诊断，这条柴犬是典型的强迫症，它引导我去找出强迫症的形成原因。从散步这件事情里，我观察到，主人带着它散步时，柴犬想要往东边走，但主人却要往西边走。主人未能理解狗的心理，未能依照狗所想而行事，造成柴犬心理上的不满，于是借由自残咬自己的动作来宣泄不满情绪，同时，也想利用这个行为获得主人的关注。偏偏这样的情绪一旦陷入后就很难拔出来，就只能反复地重复这个自残死循环。

就这样，我总算找出了矫正这条柴犬恐怖自残行为的方式。它会有这样的情绪与行为，主要是因为抗压性太差。我的训练目的就放在提高它对于压力的耐受性。例如，它不喜欢独处，而我刻意训练它习惯于独处，慢慢增加它独处的时间，如此一来，当它面对令它感到不舒服的状态时，就不会那么容易陷入强迫症的情绪里。

其实我认为，这条柴犬自残咬自己的行为跟小孩子非常类似。被宠坏的孩子，不让他买玩具买糖果时就又哭又嚎地在地上打滚，死活赖着不走，直到达到目的之后才罢休。而孩子这样的行为反应，正是从大人的反应里学习到的制约大人的方式，不是吗？

汉克这样说

犬只行为门诊与行为矫正之间存在着相辅相成的关系，但却又可以各自独立。

狗的肢体语言和表情含义

每一条狗都有表情，狗的脸部表情与人类的表情相当神似，我们可以轻易地从狗的表情里了解它的喜怒哀乐。也有一些较难看得出表情的狗，通常都是脸部赘皮、皱褶较多的狗，这样的狗看起来喜怒不形于色，例如纽波利顿犬、英国斗牛犬和松狮犬等。当然，除了通过狗脸部的表情来了解其情绪之外，我们还可以通过狗的肢体语言来了解狗的情绪，甚至了解狗脑袋里的想法。

吐蕊·鲁格斯是一位瑞典籍训犬师，她在著作中记录了一种狗的"安定讯号"。她根据多年观察经验整理出多种狗沟通的肢体语言，命名为安定讯号。当狗感到不自在、紧张或恐惧时，它会使用安定讯号令自己与对方安定，以预防或避免冲突。她的著作里详细讲述狗的每一个肢体动作所代表的含义，例如狗打哈欠、狗眯眼、狗撇头、狗不断伸出舌头舔舐鼻子、狗摇晃尾巴等，有兴趣的读者们可以自行查询。

狗摇晃尾巴不代表是和善的态度

我们来谈谈狗摇晃尾巴与攻击行为之间的关系。

如同大多数的人所知，狗摇晃尾巴是代表它心情很好，也代表它向人表达善意的一种肢体语言。不过，有些狗天生没有尾巴，或是尾巴极短，例如潘布鲁克柯基犬天生就没有尾巴，英国斗牛犬天生尾巴极短且卷曲，这类无尾或短尾类型的狗，不在这个话题的讨论范围内。

不知道你是否曾经注意过，某些狗在攻击咬人时，也是一边咬一边摇晃尾巴。

首先，我们需要了解，同为摇晃的尾巴，其各种不同的高度、不同的摇晃力度和摇晃节奏，分别代表着不同的意义。当一条具有主动性攻击行为的狗处在攻击情绪里时，它摇晃尾巴代表着它处于高度兴奋的状态，也代表着它对自己的攻击能力具有相当程度的自信。

　　狗在攻击前，尾巴摇晃角度通常较高。尾位较高的狗，尾巴甚至会直立起来，摇晃的角度略小，并且是缓慢地摇晃着。狗在攻击行为动作的当下，尾巴同时具有平衡身体姿势的功能。所以在攻击过程当中，尾巴的高度会不断变化，摇晃的力度越大，攻击的速度也会相对越快。

汉克这样说

对于宠物相关从业人员，尤其是宠物美容师和宠物医生而言，能够正确理解狗的肢体语言是相当重要的。

破解狗对主人的挑战动作和心理战

狗的小心机

大多数的人对狗的既定印象是忠心耿耿、不会撒谎。但是大家知道吗，其实狗也是有心机的喔！举个最简单的例子，当狗把玩具球叼到你的面前时，你会怎么回应？相信大多数的人都会把玩具球拿过来，然后丢出去给狗追，对吧。如果这条狗具有较高的自主意识，那么这个时候，其实是它在命令你："喂！赶快丢球给我玩！"于是你乖乖顺从照办了。真相是，你在不知不觉中，被狗给将了一军。

当一条狗具有领袖意识时，请不要怀疑，你就是被它算计的动物之一。

准备带狗出门，你却在家里追着狗跑，好不容易才抓到它，帮它系上牵引绳出门，其实狗是在告诉绕着它转圈的你说："出门就出门，干吗要系牵引绳！"当你还在弯腰穿鞋，狗却一直猛拉着你往门外走，其实狗是在告诉你："动作快点，我等不及了！"顺利出门牵着狗走在路上，你的行进速度或方向都由不得你做主，狗掌控了引路的权力，这时候变成是狗在遛你，而不是你在遛狗。

这些画面是不是感觉很熟悉呢？

除了这些明显的大动作之外，狗还有许多的小动作。例如训练狗脚侧随行，在行进间停止动作时，狗会假装若无其事地把脚踩在你的脚上，这是它在向你宣示主权，代表着它的内心在某种程度上还不愿意让你来领导。

放风让狗自由活动时，狗会跑到你的身后，对着你抬起腿来撒尿；当你蹲下或弯腰去捡狗的便便时，狗会举起前脚搭在你的身上；当家中的幼儿坐在地板上时，狗会同时抬起两只前脚站在幼儿身上。这些，都是狗在向人类宣示主权的典型动作。

为狗准备食物时，狗嫌你每天喂食相同的食物、没有变化，开始挑嘴甚至绝食。于是你妥协了，换了一包新狗粮，在狗粮里拌入罐头食品并添加了肉，也许今天吃排骨、明天吃鸡腿。在饮食这部分，狗也成功掌握大权。

狗也会撒谎

是的，狗也会撒谎。

我曾经帮客户的狗洗澡、美容、剪脚指甲。我一根根慢慢地剪，狗没有吭声。然而当我准备接着剪下一个脚指甲时，指甲剪还没碰到狗，它就突然大声哀嚎起来。我感到纳闷，抬头一看，才发现主人正站在美容室旁观看——狗的大声哀嚎是演给主人看的。

说到宠物美容室，你经常可以在这里发现一些特殊有趣的事。例如，明明天气相当炎热，但是却有狗一直在发抖。它并不是因为体温过低而发抖，也不是因为害怕而发抖，那是为什么呢？你会发现，当美容师走开时狗就不抖了，但当美容师掉头再走回来时狗就继续发抖。原来狗是在告诉美容师："我好可怜喔！你要不要来抱抱我呢？"

还有一则故事也很有趣：猎人带着众多猎犬出门打猎，好几次都因为没发现猎物而提早打道回府。某一天，其中一条狗在回家途中假装发现了猎物，其他的狗也配合演出，让猎人以为猎物出现了而四处寻找。于是这群狗又多玩了好一会儿，然后才心满意足地跟着猎人回家。

汉克这样说

每一条狗都有独一无二的个性，即使是为了同一个目的，每一条狗所采用的回应与处理方式也可能会大不相同。

狗的品种性格

有些常见的品种犬，很容易发展出特定的异常攻击行为。这里，根据我的经验，整理如下：

德国狼犬与藏獒——吠叫，尤其是地盘性吠叫、地盘性攻击行为、走路暴冲拖着人跑、追咬其他的小动物……这些行为都较其他品种犬发生的比例高。狼犬与藏獒的服从性普遍较其他犬种高。若被主人打过，多半不会咬自己的主人，但是却很容易咬陌生人。

哈士奇——狼嚎、走路暴冲拖着人跑、容易追咬其他的小动物、破坏家具、发展出较高的自主意识。若被主人打过，则很容易发展成咬陌生人的攻击性，也包括攻击自己的主人。

萨摩耶——走路暴冲拖着人跑、破坏家具，攻击性格较其他品种犬低。

柴犬——容易因护食护物品而攻击咬人、地盘性攻击咬人、不喜欢让人随意触摸身体。若被主人打过，则很容易发展成咬陌生人的攻击性，也包括攻击咬自己的主人。

松狮犬——因护食护物品而攻击咬人、地盘性攻击咬人、不让人随意触摸身体。若被主人打过，则很容易发展成咬陌生人的攻击性，也包括攻击咬自己的主人。

柯基犬——容易因护食护物品而攻击咬人、吠叫。若被主人打过，则很容易发展其攻击性，但多以咬对自己施暴的主人为主，不见得会去咬陌生人。

贵宾犬——吠叫，尤其是地盘性吠叫。支配狗主人的欲望较其他品种犬高，极容易被宠坏的性格。被宠坏时，容易产生攻击咬自己主人的异常行为。

马尔济斯——吠叫，尤其是对其他狗吠叫。支配主人的欲望也高，极容易被宠坏的性格。被宠坏时，容易产生攻击咬自己主人的异常行为。

博美犬——吠叫，一有任何风吹草动就会吠叫的敏感性格，发生攻击行为的比例较其他品种犬低。

整体来说，小型犬较大型犬更容易形成吠叫行为。

最后，我要重述，即使是相同品种的狗也存在性格上的差异。哈士奇也有沉稳内敛的类型；博美犬也有很安静不爱吠叫的。这里所描述的是一般常见的情形，仅供参考，绝不能用来作为评断的普遍依据。

汉克这样说

新手不建议饲养柴犬、松狮犬、哈士奇和藏獒，这些品种的性格与一般品种相比，属于比较特殊的一类。

常见的品种犬性格

品种 ⬇	先天性格 ⬇	容易发展的异常行为 ⬇
德国狼犬（德国牧羊犬）	属于高智商犬种，个性敏捷，适合复杂的工作环境	地盘性吠叫，地盘性攻击，走路暴冲、追咬小动物
藏獒	性格凶猛，野性尚存，对主人顺从忠心，体型高大，是称职的工作犬和护卫犬	地盘性吠叫，地盘性攻击，走路暴冲、追咬小动物
哈士奇	精力充沛，行动敏捷迅速	发展出较高的自主意识，狼嚎、走路暴冲、追咬小动物
萨摩耶	聪明，个性温和，有忍耐力、适应性强，充满活力	走路暴冲、破坏家具
柴犬	胆大、自律、独立且顽固，具有一定的警戒心与攻击性	当食物提供的养分不足时，容易因护食护物品而攻击咬人、地盘性攻击咬人、不喜欢让人随意触摸身体
松狮犬（狮子犬）	固执且过于独立，较难以驯服与训练	因护食护物品而咬人、地盘性攻击咬人、不喜欢让人随意触摸身体
柯基犬	个性主动、聪明、温和，性格稳定、机警	吠叫、因护食护物品咬人
贵宾犬	喜欢与人亲近，友好，好奇心强，温和好动	地盘性吠叫，或是对其他的狗吠叫
马尔济斯	性情温和，撒娇好客，容易紧张，较神经质	地盘性吠叫，或是对其他的狗吠叫
博美犬	活泼、聪明，容易紧张，较神经质	吠叫，一有任何风吹草动就会吠叫的敏感性格

2

转变
你和狗的思想

我的狗需要接受训练吗

随着动物保护意识深入人心，传统的"狗要从幼犬开始养会比较好教"的饲养观念被打破了，现今有越来越多的人愿意领养成年犬。那么，成年犬与幼犬相比，哪个难教呢？

人类在充满教育的环境里成长，随着年龄增长，会接受不同方面的而且多元的教导，从最初的家庭教育、校园教育到社会教育，每个阶段有不同的教育重点。毫无疑问，人类接受教育是天经地义的。

我相信，如果让一位小学生去接受大学程度的教育，便是超龄教育，也是不合适的教育。反过来，如果让一位大学生坐在小学的课堂里听课，从组词、背唐诗开始，也是毫无意义的。在教育这件事上，因材施教非常重要。其实狗也一样。幼犬的性格犹如一张白纸，你给它什么样的教育，它就会发展成为什么样的性格。成年犬的性格虽然已经定性，但是别忘了，再怎么成熟的成年犬，其心智成熟度仅与人类七八岁的孩子相仿。

幼犬的领悟力低、体力差、专注力无法长时间集中，但是在性格里没有累积下来的异常连接，所以性格透明、不过分固执，因此，可以给予短时间、高频率的反复教育。成年犬的领悟力高、体力好、专注力可以长时间集中，但是过去错误的异常连接根深蒂固地存在于记忆里，若再加上性格沉闷或者固执，这种情形下，可以给予长时间、低频率的反复教育。

在我看来，只要会教，幼犬与成年犬都很好教。

我们训练狗要在指定的位置上厕所；我们训练狗不要乱咬家中的家具；我们训练狗出门散步时不要乱捡地上的食物吃；我们训练狗吃饭要有规矩；我们训练狗听到呼唤时就要回到我们的身边……我们每天与狗相处在一起。狗的主人，其实都是狗最好的训练师。

训练与教育在本质上是相同的，差别在于是主人自己教还是正规训犬师教，是主人凭经验、凭感觉来教，还是正规训犬师依照理论、拟定目标，通过合理适度的方式来教。

　　狗跟人类一样需要接受教育，狗接受教育的最主要目的是能够融入主人的生活，与主人共同生活。所以千万不要打狗，它的生活中不应该充满暴力。不论主人是否意识到，每一位主人都是狗的第一位训练师，但是当你发现训练效果不佳时，或是越教却产生越多问题时，我会建议，请将狗交给正规的训犬师来教。

汉克这样说

狗跟人一样，需要接受教育。你给狗什么样的环境与教育，它就会发展出相应的性格与行为。

真的没有宠过头吗

我们都希望自己是一位好主人

每天我们跟爱犬在一起生活，张罗狗爱吃的食物，甚至我们吃什么也会同时分给狗吃；出门前依依不舍地跟狗道别，回到家时狗兴奋地热烈欢迎我们，我们也兴奋地对狗又亲又抱做出回应；我们抱着狗一起坐在沙发上看电视，或是抱着狗一起躺在床上睡觉；带狗出门散步时，我们习惯抱着狗走路，或是让狗坐在宠物推车里；只要狗不喜欢吃了、玩腻了，我们便想尽办法更换不同的狗粮、零食、玩具满足狗；我们默许狗出门在外时不系牵引绳，让它自由自在地走路和奔跑。

如果你的狗聪明一点、自主意识高了一点、抗压性低了一点、性格再任性一点，那么，上述这些人与狗之间常见的互动模式，将会在无形之中间接造成狗的各式行为问题。

从矫正行为问题的角度来看，主人与狗之间正确的人犬地位关系非常重要。

狗向你表达它不爱吃这个食物时，你会想办法去满足它的需求，更换食物去刺激狗的味蕾。狗根据你的反应，明白它可以在这件事上对你做要求，以后只要它不吃，你就会开始头疼了。给狗吃的食物口味越来越重，导致狗出现营养不良的体态，甚至害狗患上胰腺炎。

你出门前依依不舍地跟狗道别，然后回家时又对它做出过度热情回应，于是让狗怀着期待感，期待你回到它身边，慢慢地它无法自己独处，会在你出门的时候出现焦虑反应，轻则破坏家具，重则连续不断地大声吠叫，甚至自残、伤害自己。

你在狗眼中的高度

我们知道，狗与狗彼此在区分地位关系时，会将前肢搭在对方的身体上，互相比嘴巴的大小，看谁的嘴可以包住对方的嘴；或将自己的身体压在对方的身体上、抱着对方做出骑跨动作。这些，都是狗在宣示主权的典型肢体动作。

若狗狗的自主意识高且服从性低，那么它会学着支配你，它会向你宣示主权。你抱着狗坐在沙发上时，它正在用自己的身体压着你；你抱着狗一起上床睡觉时，它只要站立在床上便可以居高临下地看着你。有的时候，当你们都熟睡时，如果你一个翻身触碰到狗，它甚至还会不满地对你发动攻击，因为你将它给吵醒了，而且它并没有同意你去触碰它。

"高度"对狗而言是有特殊意义的。当你面对一条性格紧张但是无攻击性的狗时，若你在它的面前采用蹲姿，那么它的防备心会降低，会比较愿意接近你。家里有访客莅临时，若狗冲到访客的面前大声吠叫，这属于地盘性吠叫行为，若你在喝止无效时把狗一把抱起，它离开地面就提高了自己的高度，于是会叫得更大声、更起劲。另一方面，如果外出时你不让狗下地走路，无形之中，你把狗的自主意识给放大了。它习惯被你抱着走或是坐在宠物推车里，高度比起其他在地面上走的狗还要高，这导致它在外面看到所有的狗都会用力地大声吠叫。即使它只是一条小小的马尔济斯，仍然会朝着藏獒大声吠叫。是的，你让你的狗搞不清楚自己到底有多大。

养狗最大的乐趣之一，就是看着爱犬大口大口地吃饭了。有一天，当你看到狗不吃饭了，那么可能代表它的身体不舒服。或者还有一种情况，除了饭不吃之外，其他什么东西都吃，那就代表它挑嘴了。

遇到狗挑嘴，你的应对方式可能是，想尽办法让食物看起来更美味，让狗看到食物后更有食欲。也许它第一次挑嘴时，你在狗粮里拌入了罐头食品；它第二次挑嘴时，你在狗粮里放了几块刚煮熟的新鲜肉；它第三次挑嘴时，你可能就会跪下来求它吃……

从喂食的情况就可以知道你是否有能力在日常生活里领导你的爱犬。你的态度决定了爱犬的心理素质，它是把自己当人看，不过却不把你当人看，也许你自己也搞不清楚吧！

 汉克这样说

人是由思想来改变行为，而狗是由行为来改变思想。

居家调整：重新建立起正确的人犬关系

你是否有过以下经历？

狗跟着你一起睡觉，当它熟睡时，你若翻身吵醒了它，它便会对你发动攻击。

从你手上掉落到地上的物品，甚至你换下来的衣服，都会被狗占为己有，你若伸手要拿回来，它便会对你发动攻击。

你牵着狗出门散步，都是狗在前方带着你走。你想要换个方向走时，狗会冲上来攻击你。

当你牵着狗外出时，狗看到其他的小动物就完全不理你，硬是拉着你往其他小动物的方向冲。若狗是大型犬，当你被它拉倒摔在地上时，它仍然直直地用力拖着你跑。

你坐在椅子上吃饭时，狗会一直跟你要食物吃，你若不给，它就会跳上来抢夺你的食物，甚至对你发动攻击。

狗吃饭时，你不能在它的身边走动，否则它会冲过来攻击你。

当你准备出门时，狗很期待你会带它一起出门。你若没带它一起出门，便会破坏家中的物品。

当你要帮狗洗澡的时候，它会异常反抗，完全不愿意让你触摸它的身体，甚至会攻击你。

其实与人类一起生活的狗，或多或少都会出现与人之间的不正确关系。若不威胁人的生命安全，也没有影响到人的生活，我们可以选择忽略这些问题。但假使这些不正确的人犬关系，将狗的自主意识过度放大，将狗的敏感性过度提升，当你已经感到每天跟狗一起生活压力大时，甚至于你觉得生命安全受到了威胁时，就必须要重视这种不正确的人犬关系了。

带狗出门散步，往往是最容易建立起人与犬之间各式关系的时候。这时你们之间会建立起怎样的关系呢？是你在遛狗呢还是狗在遛你？

我在帮客户的狗建立正确的人犬关系时，通常都会从散步中的脚侧随行开始。不过，有一种情况比较特别，狗已经在其他训犬师的课程里学会脚侧随行，但是却没有在这个动作里意识到主人才是它的领导人，狗的心态依然故我，狗的自主意识仍然是被过度放大。还有另一种比较特别的情况，就是狗被主人暴力对待过头了，导致狗一见到主人就异常反感，甚至于对主人产生强烈的攻击行为。

这两种特殊情况下，进行单纯的脚侧随行训练已经无济于事，我会做出不同的调整。

针对第一种特殊情况，我会先去了解前一任训犬师对狗的脚侧随行做到何种程度。例如我会做出假动作，假装跨出一步，看狗是否能够发觉；我在行进路线上做出变化，例如跑步后急停、蛇行向右走，看狗是否会立即跟上我的脚步和行进方向，蛇行向左走时看我的脚是否会接触到狗。看狗是否能够配合做出这些细腻且富含变化的动作。这些是我教一条已被其他训犬师教过的狗时再进阶、再调整的技巧，如此一来，矫正仍然可以成功，重新让狗意识到主人才是它的领导人。

针对第二种特殊情况，就需要跟狗进行一些心理战了。我会将狗带离原环境，离开主人来到犬舍，利用新环境带给狗的不安全感来进行调整，同时进行服从训练来提高狗的稳定性和降低狗的敏感度。请狗主人每一周或是每两周来犬舍探视一次。此时，狗一见到熟悉的主人出现，心情通常是愉快的。在这个阶段，我不会让主人伸出手来接触狗，避免唤起过去不良的连接记忆。当狗的情绪仍处在热情高涨的状态时，我会马上终止探视，马上带狗离开主人，并关入笼内。这个时候，狗会出现失落情绪，但也会因此加强狗对主人下次再度出现的期待。在主人再次出现时，我可能会请主人亲自开笼门将狗带出来，但是仍然是由训犬师带狗离开主人再关回笼内。利用这样的心理战来重新加强狗对主人的感情依恋。等感情关系重新建立起来后，再辅以服从训练，让狗开始学习服从主人。同时也再三告诫狗主人不得再对狗暴力相待，人与犬之间的感情关系，就会重新成功建立。

几年前，有个学生的狗会咬陌生路人，尤其是会咬身形高大魁梧的陌生男性。

于是我前往这个学生和狗所在的台南艺术大学训练矫正这条狗，并在3个小时之后将狗的攻击行为给矫正了。同时，我也嘱咐这位学生务必每天按照我的教学方式继续复习训练矫正，狗的性格才会继续保持，变得越来越稳定。

后来，学生再度跟我联系，说他在大学毕业后，带着狗回到了桃园的家。这条狗居然会对他的父亲警戒与吠叫，但是当他的父亲朝着狗走过去时，狗却又会闪避，给父亲让路。

突然之间，学生领悟了一件事情，他的父亲身形高大魁梧，言行举止之间透露着不容忽视的威严。他的狗害怕他的父亲，却又不敢正面攻击冲突，正如同学生自己的心境一样。也就是说，这个学生在狗的身上看到了他自己！

俗话说"棍棒底下出孝子"，有很多狗主人在原生家庭中或许是在家长高压教育、打骂教育的环境里长大的。当他们自己开始饲养狗之后，很容易将自己原生家庭的教育方式套用到狗的身上。但是请谨记一点，虽然都是教育，但是教育狗与教育孩子之间有很多不同，请不要用人类的眼光来看待狗的行为教育。

狗主人的情绪感染力

我们每一个人都有各自不同的情绪，然而，大家是否知道，你的情绪会直接影响到狗的情绪。举个例子，你今天过生日，当你开开心心地回家时，你的狗也会开开心心地欢迎你回家；你今天工作不顺心，当你心情沉重地回到家时，原本开开心心欢迎你回家的狗会突然变得比较安静。俗话说，狗是人类最好的朋友，那是因为狗懂得察言观色，尤其是聪明的狗，它甚至会去思考、去判断你在想些什么！

大多数的训犬师在教狗时，都会想尽办法让狗能够顺利地产生训练连接，例如零食诱饵的奖励、响片的声响，甚至于口头上的称赞，都是能够让狗产生连接的方式。然而我教的狗大多数都具有攻击性，是会咬人的狗。所以我在训练狗的时候，往往会采用无声训练、无零食诱饵的训练。也就是说，在整个训练的过程中，我都不会出任何声音、不会给任何零食，以增加狗对我所要求的训练做出连接。

我之所以会采用无声训练包括除去零食诱饵的奖励，是因为凡是对人类具有主动攻击性的狗都具有几项特质，那就是目中无人和高度的自主意识。

我相信在日常生活中，狗主人不会少给零食诱饵，也不会少给口头称赞，因此我会反其道而行之，故意要挫挫狗的锐气。无声训练的好处是狗会更加专注于我，会努力地配合我所提出的训练要求，而且，狗会期待我给它一个小小的称赞。我亦不会采用高频语调和夸张的肢体手势动作，来让狗明白我的情绪是欢愉的、让狗明白我喜欢它的表现。因为一切的训练矫正，终究都要回归到正常的日常生活中。在日常生活中，平凡与平淡才是常态。

若说训犬师是人与狗之间的沟通桥梁，那么我手中掌握的牵引绳，就是我与狗之间的沟通桥梁。

在牵引绳搭配步伐的训练中，当狗开始专注在我的身上时，不论是牵引绳的位置、牵引的力量、步伐的快慢、行进的方向等，其中的细腻变化全部都需要狗细心体会，并且服从我所提出的各项要求。

无声训练的另外一个好处是，狗不会认为你给予奖励是应该的，更不会让狗认为你是在用零食诱饵与它进行条件交换，做动作就有得吃，到没得吃时就不理会你了！

前面说到，你的情绪反应会直接影响到狗的情绪，所以在进行训练矫正时，还有一点也相当重要，那就是训犬师的情绪。

我在进行训练矫正时，情绪会处在相当平稳的状态，既不特别开心、也不紧张或害怕，一直都处在平稳、平静的情绪中。这种情绪会直接影响到狗的情绪表现，把狗教稳教沉后，狗的服从性自然会提高、稳定性也会跟着提高，而敏感度也就随之下降。

眼神的交会是很重要的一环

古语有云："美目盼兮，巧笑倩兮"，这是在描述古代仕女秋波似水，水灵、晶莹的眼神有沉鱼落雁之美，让人心驰神往。中国自古便有眼睛是心灵之窗的观念，认为在人的五官之中，双眼是最能传达一个人的情绪与思想的。

因此我在教狗时，当狗的专注力高、当狗抬头看着我的时候，我会用我的眼神给予回应，我会用我的眼神告诉狗，你做得很棒。无声音、零食诱饵与声响的奖励，只有轻描淡写的眼神交流，这一切都在考验训犬师的技术，也同时在考验狗对于训犬师的专注力。让训犬师平稳的情绪影响狗的情绪，让冲动、敏感、易怒的狗得到一个平稳发展的情绪。

覆盖新的性格与新的连接

怎么才算是行为矫正成功？就是训犬师在狗的既有性格上，覆盖一个新的性格，或者可以说是覆盖一个新连接。

我来简单的举例说明一下。如果狗被你宠坏了，吃饭时都不愿意乖乖进食，总是东挑西拣、爱吃不吃。你听从训犬师的建议，每次喂饭时，若狗不吃，就把饭碗收起来，并不给任何零食。随着时间一长，次数多了之后，狗将不再挑嘴，每餐都乖乖进食。

这就是你给狗覆盖了一个新的连接，它的认知是，如果不吃这碗里的饭，就不会有其他东西可吃，你也不会在碗里添加其他的食物。而且，若不赶快吃完这碗饭，再等一会儿，整碗饭都会被收走，什么都没得吃了。所以，它就死了心，认命，乖乖进食。

你成功地给狗覆盖了一个新的性格、新的连接。但是，请明白，旧有的性格、旧有的连接，依然存在于狗的记忆里。只要你一松懈，放松对狗的喂食态度，它就会想起过去，可能会再尝试，看看能否再次挑战你，以得到它想要的特别加餐或是零食。

针对因被主人暴力对待、打坏了而产生攻击、咬主人行为的狗的行为矫正，也是一样的道理。

　　训犬师把狗给教好教稳之后，在主人与狗之间成功地建立起新的和善关系。假设，日后主人再次暴力对待狗，那么将唤醒狗过去种种不良的记忆连接，让狗再次陷入过去紧张的情绪。这个时候，训犬师曾给予的新连接，将会被过去不良的连接给覆盖掉。于是，旧事重演，狗又开始攻击咬主人。

　　一条训练成功的狗，必须进行复习训练，并将复习训练融入日常生活里。过去对待狗的种种错误方式，就绝对不要再出现了。如此一来，便可以延长训练矫正的有效期，并且随着时间变长，训练矫正后的效果会越来越牢固，稳稳地永远覆盖在旧有的性格之上。

汉克这样说

> 人与狗之间的关系，首重彼此的感情关系，其次才是地位关系。

专栏

居家生活的要点

🦴 人狗共处的生活中，有许多容易造成狗异常行为的盲点，以下这几点是我的叮咛：

① 不要用链子拴着、绑着养狗，这容易造成狗的性格越来越敏感。

② 住在低楼层住宅的，不要将狗养在门口、窗边和走道旁边。

③ 住在高楼层住宅的，不要将狗养在走道旁边。

④ 不要将狗养在电视机旁边。电视里的高噪音以及家人频繁走动、喧闹的声音，让性格敏感的狗无法好好休息和睡眠。

⑤ 出门时不要跟狗说再见，回家时不要跟狗又搂又抱，过度亲密。

⑥ 学会对狗做出忽略动作，连瞄一眼都不要瞄。

⑦ 要时常带狗出门散步。

⑧ 不要让狗拉着你在路上跑。

⑨ 要进行笼内训练，这与是否要关笼饲养无关。

⑩ 外出散步时请一律使用牵引绳。

⑪ 在公园空地让狗自由活动时，注意不要让狗受其他的狗攻击。若你无法判断这个环境是否安全，那么请勿轻易松开手中的牵引绳。一旦狗被其他的狗咬过之后，很容易发展为胆怯性格，或是相反地，变成攻击咬狗的性格。

⑫ 慎选训犬师和洗澡美容的宠物美容师。暴力打狗是人类的劣根性，尤其这类会近距离接触狗的从业人员，千万别让暴力有机可乘。

⑬ 不要暴力打狗，尤其是性格独特的狗，例如常见的松狮犬和柴犬，它们只会越打越敏感，越打变得越凶猛。

⑭ 不要胡乱给狗喂食你自己认为狗爱吃的食物。

⑮ 不要没事就去抱狗，狗太容易得到你的称赞与鼓励，并不是好事。

⑯ 听到电话声和电铃声，请神色自若、态度从容地去回应。

⑰ 不要让狗叼着玩具去找你，让你丢给它玩，尤其是主观意识高的狗，要知道，这个动作其实是它在命令你跟它玩。

⑱ 不要限制狗的进食量，该吃多少就喂多少，让狗挨饿不是正确的前期训练方式。

⑲ 不要限制狗喝水。

⑳ 当你发现狗开始会低鸣警告陌生人，或者当你确定狗会咬陌生人时，请寻求正规训犬师的协助。不要自己教，这类异常行为已经超出你的能力控制范围。

㉑ 不要认为所有的异常行为都会随着狗的年龄增长而自然消失。

㉒ 没钱的人不建议养狗。

㉓ 没时间的人不建议养狗。

㉔ 最令我困扰的不是训练一条会咬人的狗，而是狗主人无法配合我的要求。

㉕ 同时饲养两条以上狗的家庭称为多犬家庭。在多犬家庭里，若狗有异常行为，建议所有的狗都要一起接受矫正训练，例如集体吠叫和打架互咬。训练费用也将会与狗的数量成正比。

㉖ 多犬家庭，对待每一条狗的态度要一视同仁。

㉗ 不要让狗过度自由，规律生活对其性格发展相当重要。

㉘ 性格容易紧张的人，说话音频高、音尖细的人，不要饲养性格较敏感的小型犬，例如吉娃娃、贵宾犬等。

🦴 狗失控需要进行行为矫正的时候：

❶ 如果你需要训犬师协助进行狗行为矫正的服务，请付费，请尊重这种专业技术。不要跟训犬师砍价，尤其是养了多年的狗因攻击咬人需要矫正时。要知道，训犬师是拿多年的血泪经验在教，是冒着生命危险在教。

❷ 我的原则很实在，详细了解情况后，若是判断狗不需要我面对面进行训练，我会直接在电话里免费教学指导。

❸ 不是每一位训犬师都能胜任狗的行为矫正。

❹ 不是每一位行为矫正训犬师都会矫正咬人的凶猛犬。

❺ 若见到训犬师暴力对待狗，例如压制狗或者把狗悬空吊起，请立即终止训练。

服从训练：谁掌握领导权

前面曾经提到狗是具有领袖意识的动物，尤其当一群狗在一起生活时，我们不难发现这当中有所谓的"狗王"。狗是可以习惯群体生活的动物，当狗与主人一同生活时，狗与主人之间便形成了一个小群体。狗与狗在群体生活当中会产生一个领袖，狗与人的群体生活中亦然。这个领袖有可能是自然而然发展出来的，也能通过人为介入去建立。

或许你会问，狗主人每天喂狗吃饭、每天带狗出门散步、每周帮狗洗澡吹毛美容，狗难道不认为主人就是领袖吗？实际上不然，领袖的定义与服从性有直接相关。

喂狗吃饭时，狗是否乖乖坐好，等你下达口令后才开始吃？带狗出门散步时，狗是否根据你行走的速度跟随着你？帮狗洗澡、吹毛、美容时，狗是否完全安静不动、让你顺利操作？

狗主人若掌握不到领导权，那么在日常生活里，就很容易会反过来变成狗在训练你去服从它，狗会想要成为你的领袖。喂饭时，狗会叫你赶快拿饭给我吃；出门时，狗会叫你动作快点，我要出门散步；洗澡、吹毛、美容时，狗会拒绝你，叫你不要强迫我洗澡、吹毛、美容。

我们教狗时注重的是狗对人的服从性，但是这个服从性，并不是指狗会坐下、握手、趴下之类的才艺动作，而是狗发自内心、真真实实地对人服从。"脚侧随行"是服从训练里最根本的训练。你走得慢时，狗就慢慢走；你走得快时，狗也会快步走；你要转弯、要上下楼梯、要停下来时，狗永远都跟随在你的脚侧，不会乱跑也不会乱动。

出门散步是日常生活，在每一次出门散步时，都要进行脚侧随行的要求。从用硬绳控制狗跟随开始，逐步发展到用软绳，甚至无绳的时候，狗都自发性跟随。在走、停、快、慢、转之间，狗永远都将专注力放在你身上，狗不会低头嗅闻，也不会拉着你去追其他的小动物或是去追车，更不会看到其他陌生人就大声吠叫。在这样的牵引之下，狗的稳定性将明显提高，对于外界环境刺激的敏锐度将明显降低，这个时候，就是狗对你产生了服从，人也才真正开始掌握了领导权。但是请注意，这只是一部分的服从性与领导权，服从性的表现涉及日常生活的各个方面，因此也可以这样理解，服从性的训练必须融入日常生活里。

服从训练的定义与技巧运用

服从训练，对于一位训犬师而言是最根本的技术，它就像是厨师的刀工技术一样，看似平淡无奇，实则包含功夫在内。例如制作鲑鱼生鱼片，一整条鲑鱼从去头、除掉内脏、切除鱼皮开始，依照肉质按部位进行分割，挑刺时不带肉，切片时每一片的厚度大小都完全匀整，讲究一点的厨师，甚至连刀都要先冰镇后才切鱼。技术好的厨师切生鱼片的手法很利落，不同种类的鱼必须使用不同的刀，绝对不能一刀走天下。

通常，具有异常行为的狗会有几个共同点，一是性格敏感，二是自主意识高，三是与人的地位关系不正确。服从训练里最基本的要求，一是无条件地脚侧随行，二是无条件地原地等待，三是无条件地远距离唤回。具有异常行为的狗，完全做不到这些要求，若能通过服从训练让狗理解我们所要传达的要求，那么性格敏感的狗将不再敏感，自主意识高的狗将意识到自己是狗而不是人，与人的地位关系不正确的狗将恢复与人之间的正确主从关系。

训犬师将狗带在身边时，不论是走动或是停止，不论是奔跑或是训犬师突然消失不见，狗的专注力能否放在训犬师身上，是否懂得耐心等待训犬师再次出现，是整个服从训练里的精髓所在。这样的服从训练成效，不是一朝一夕能够看见的。我认为，在犬只异常行为矫正的领域里，通过看一条狗服从性的表现，就可以看出该训犬师的技术火候达到什么样的程度。

我是武术选手出身，在武术集训期间，每天接受训练的时间超过8小时，跟上班族每天工作时间一样。当时，练武术就是我的工作。但是，训练狗完全不能按照此原则进行，绝对不能过度积极地连续好几小时不间断训练，但训练也不能过于松散消极。训练过度必会出现反效果，让狗排斥训练，而松散的训练则无法见到效果。

对狗进行服从训练的第一要点，首先要考虑狗与训犬师之间的关系熟悉程度。若是狗的性格敏感、不易亲近人，那么就不适合在第一次见面时就进行严格的服从训练，此时，训练进行方式应该是缓慢渐进的。

即使是面对同一条狗，每一位训犬师的教学方式和步骤也不会完全相同，所教出来的狗的状态当然也不会完全相同。以我来说，服从训练分为基本服从（有绳）与高阶服从（无绳）。在行为矫正里，脚侧随行时通常会采用基本服从的标准来要求；在原地等待与唤回时，则会采用高阶服从的标准来要求。

在我的标准里，对狗脚侧随行的要求是，脚侧随行训练时，在牵引绳完全松软的状况下，狗仍然会跟着人的脚步走动和跟随。走动的速度有快有慢、有转弯、有停有跑、有上下台阶、有上下斜坡，且训练期间只口头奖励，而不使用零食诱饵奖励引导。软绳牵引这个部分是高阶服从训练里无绳脚侧随行的预备训练。

对狗原地等待训练的要求，是牵引绳必须离开人的手，人必须远离狗，狗必须在开放环境中，充满人、车与狗、猫等干扰因素下，呈现立姿、坐姿或是卧姿等待不动。对狗唤回训练的要求，是不论人与狗的距离有多远，都只需要唤回一次，狗就会快速且开心地跑回主人的身边。

汉克这样说

喂狗吃饭的人，狗不一定认为是主人；会跟狗玩的人，狗更可能拿你当主人。

脱敏训练

就字面上来看，脱敏训练是"降低狗对人、事物刺激敏感度的训练"，这个刺激物可能是外界传进来的声响，可能是人去触摸狗某个特定部位，或者是狗的个性本身对外界环境感到害怕紧张，一出门就东躲西藏，一副被害妄想症的模样。

脱敏训练的原则有二，一是根据让狗敏感的项目，刻意反复不断地制造这种刺激，直到狗麻痹无感为止；二是根据让狗感到敏感的来源，人为制造出让狗感到安全无威胁的环境，直到狗适应为止。

以狗对人手敏感的护食攻击行为脱敏训练为例，我们可以这样进行：准备20碗狗粮，从第一碗开始给狗进食，接着给第二碗，再给第三碗、第四碗……直到给完20碗狗粮为止。当你的手每一次出现在狗的面前时，都是拿碗给狗，练习的时间久了、次数多了之后，狗就不会在意你的手了，这就是给予反复不断的刺激，直到狗麻痹无感为止。

若以正在进食的狗会对人的走动感到敏感并导致驱逐护食攻击行为的脱敏训练为例，我们可以这样进行：对狗进行笼内训练，直至狗习惯笼内空间且视为安全可放松的空间，然后让狗在笼内进食。狗进食期间，你可以自然走动，不刻意去看狗，练习的时间久了、次数多了之后，狗就不再感觉受到人的威胁，你的走动便不会再引起它的驱逐护食攻击行为，这就是人为制造出让狗感到安全无威胁的环境。

有些狗出门在外时，对外界环境感到异常惊恐害怕，没办法好好走路，总是神情慌张、胆怯，想尽办法东躲西藏。我们该如何进行脱敏训练呢？

狗的社会化训练有三项，一是狗对狗的社会化，二是狗对人的社会化，三是狗对环境的社会化。而上述这个案例就是第三项。值得一提的是，狗对环境的社会化不足，与狗对人的社会化不足是可能同时并存的，即狗在室外环境中对来往的车辆、车辆的声响敏感的同时，对来往的行人感到异常敏感或是害怕。狗对人的社会化不足则是单独独立出来的项目，例如狗在室外环境中看到陌生人，会主动冲上前对陌生人大声吠叫，甚至作势要攻击陌生人。

如果你的狗出门在外时表现出性格异常警戒与胆怯的话，就表示它需要进行对环境和对人的社会化脱敏训练了。

通常，这种性格的狗在家里的情绪表现都十分正常，但只要一离开自家大门，就全部变了样。我们可以先从固定遛狗路线开始，这个路线距离可以以大门为起点，出门之后向左拐走10米，紧接着就回家，每天出门数次，每次都是向左拐只走10米的距离。反复不断地刺激，直到狗麻痹无感为止。狗麻痹无感时，就表示狗已经对这个方向、这个路线、这个距离感到习惯了，犹如在自己家里一样熟悉。接下来要做的，就是慢慢将距离与出门的时间拉长。

对胆怯性格的狗，我们也可以采取相同作法。首先要在室内环境中完成笼内训练，让狗对笼内空间产生安全感。接着，连狗带笼推出去放在室外，让狗待在已有安全感的笼内空间里，去适应让它感到不安的笼外环境。慢慢地，狗对于外界环境的敏感性就会开始降低。这就是第二例，人为制造让狗感受安全无威胁性的环境，直到狗习惯并适应为止。

总而言之，脱敏训练的目的，是要让狗感到自然而习惯。

还有更多、更复杂的各式各样敏感状况，建议咨询合格的训犬师，让训犬师带领着、按照正确的方式与步骤来进行非常重要，若方式或步骤不正确，很容易造成反效果，很有可能导致狗对原本令它感到敏感的事物更加反感。

汉克这样说

进行脱敏训练时，需要花费很长的时间，正确的执行方式和步骤是成功矫正的关键。

脱敏训练

根据狗的敏感情况，给予反复不断的刺激，直到狗麻痹无感为止。

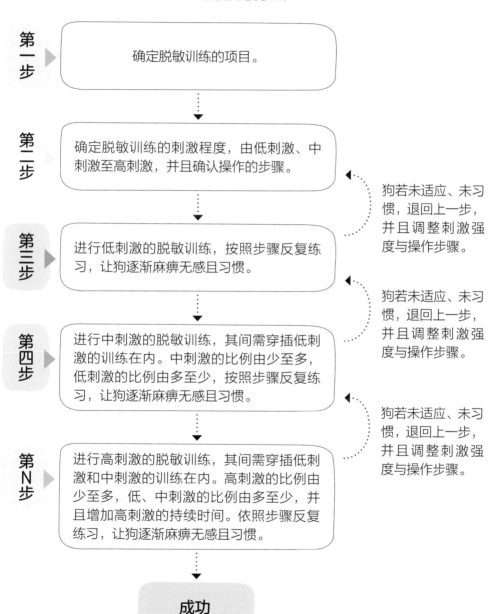

第一步 ▶ 确定脱敏训练的项目。

第二步 ▶ 确定脱敏训练的刺激程度，由低刺激、中刺激至高刺激，并且确认操作的步骤。

第三步 ▶ 进行低刺激的脱敏训练，按照步骤反复练习，让狗逐渐麻痹无感且习惯。

狗若未适应、未习惯，退回上一步，并且调整刺激强度与操作步骤。

第四步 ▶ 进行中刺激的脱敏训练，其间需穿插低刺激的训练在内。中刺激的比例由少至多，低刺激的比例由多至少，按照步骤反复练习，让狗逐渐麻痹无感且习惯。

狗若未适应、未习惯，退回上一步，并且调整刺激强度与操作步骤。

第N步 ▶ 进行高刺激的脱敏训练，其间需穿插低刺激和中刺激的训练在内。高刺激的比例由少至多，低、中刺激的比例由多至少，并且增加高刺激的持续时间。依照步骤反复练习，让狗逐渐麻痹无感且习惯。

狗若未适应、未习惯，退回上一步，并且调整刺激强度与操作步骤。

成功

专栏

狗为什么不喜欢擦脚

在都市里，大多数的狗被主人领进家门后就跟着主人一起生活。有些狗的性格是和善亲人的，有些狗则未必，它们可能平时看似正常，但在性格里却隐藏着一个定时炸弹。比较常见的情况是，狗要进入家门前，主人会帮狗擦拭四肢包括脚底，而主人未预料到的反应就会在这个时候出现。

当主人抓起狗的脚时，狗警戒地直盯着你的手部动作，这表示它介意你去触摸它的脚，性格好一点的狗会忍耐着让你继续擦脚，但是性格敏感的狗可能就会对你发动攻击了。一般而言，狗身体最末端都是较敏感的部位，除了四肢之外，还有吻部（包括牙齿）、耳朵、大腿后部和尾巴，当这些敏感的部位被触摸时，常常会引起攻击反应。

幼犬的性格如同一张白纸，你给予什么样的教育，它就会发展成为相应的性格。你在狗年幼时就让狗习惯刷牙、徒手握嘴、徒手扳开嘴巴、擦拭身体和四肢、挤肛门腺等触碰身体各部位的动作，更重要的是在操作时，你的情绪是平稳的，你的手法和力度是简洁温和的，那么，当狗长大后，自然就对这些动作都习以为常、不在意。

但是，如果你在做这些动作时加入了自己的不良情绪，也许是你的力度过大，也许是对狗做出责打的暴力行为，甚至将狗强迫压制在地，让它动弹不得。那么，狗自然会在你做这些触摸动作时，联想到这许多不愉快的记忆。当狗的年龄成熟，发现它拥有足够的力量去挑战你时，就会开始排斥这些动作，进而对你产生攻击。

若你收养的是成年犬，通常它的性格会处在较敏感的状态，建议收养的前两周，不要对狗做过多动作，只要正常的人道饲养管理。待狗自己消化了过去的种种不安情绪、并且与你培养出感情后，再开始操作。操作初期，可以用游戏的方式来测试狗身体末端的敏感度如何。

如果狗的行为看似一切都正常，唯独不喜欢让你擦拭四肢，而你并不打算进行脱敏训练，我会建议不要用强硬手段强迫它擦脚。有一个折中办法，即放一块踏脚布在门口，让狗在进家门前，反复在踏脚布上来回走动，借以擦拭四肢与脚底。

若认为需要进行脱敏训练，请主人先观察平时你与狗的互动模式。例如，散步时狗会拉着你走，喂饭时狗会一直吠叫，你坐着时狗就坐在你的腿上，你躺在床上时狗就睡在你的枕头旁等，这些都是看似正常实际上不正常的互动模式。

这些行为，狗的心里十分明白，它在用自己的方式建立与你之间的地位关系。它在支配你，它在压制你，它在居高临下地看着你。

训犬师必须对狗具备敏锐的观察力，必须能够看穿狗的各种心思。我在进行擦拭四肢的脱敏训练前，并不是采用头痛医头、脚痛医脚的方式直接进行，而是用迂回的方式，先进行狗对人的服从训练。等狗对人的服从性提高之后，狗的稳定性自然也会提高，这时才能开始进行脱敏训练。

狗为什么不喜欢戴嘴套

可能有人会反问，如果狗的行为状态正常、身体健康，为什么一定要让狗习惯戴嘴套？

是的，如果狗的一切状态都在正常范围之内，的确没有必要让它戴嘴套。但是如果狗生病或是受伤了，需要去宠物医院看病，需要让宠物医生触诊检查，甚至要清洗伤口，这时候，身体不适的狗在情绪上都是格外紧绷的状态，陌生人触碰带来的恐惧，可能会引发攻击宠物医生或医疗人员，妨碍宠物医生顺利检查，以致于无法正确给药或处理。

让狗习惯戴嘴套是保护宠物医生，同时也是保护狗自己。除了宠物医生，还有宠物美容师等近距离接触狗的服务人员。

有些狗从来没有戴过嘴套，通常在第一次戴嘴套时，反而可以很顺利的戴上去。这里所指的第一次，是狗生病受伤在宠物医院看病时第一次戴嘴套。但是第二次要再帮狗戴嘴套时，却很可能因为狗抗拒而戴不上去了。

这是因为第一次戴嘴套的受挫经历，让狗感到非常不舒服。它可能被压制住打针或是抽血，或者被强迫固定住拍X光片，种种不适的连接，让狗无法用自己的武器（牙齿）去攻击阻止侵入性、强迫性的诊疗动作。第一次戴嘴套是狗在完全不知情的情形下被骗了，第二次、第三次、第四次要戴嘴套时，我们便会发现越来越困难。

有些狗反抗戴嘴套的反应较温和，有些则很强烈。温和是指嘴套戴上后，狗立刻给拨弄下来。若试图将嘴套绑紧一点，狗就会反复不断地拨弄嘴套。狗变得紧张，加上激烈动作，使得狗的呼吸急促、体温升高，这会增加宠物医生的看诊难度。若是反抗激烈的狗，它一见到你拿着嘴套接近，就会直接开咬攻击嘴套，甚至直接开咬攻击你的手。

在我的教学经验里，有些狗被主人暴力强制戴上嘴套后还会挨上一顿狠打，狗既无法大声吠叫，也无法自卫攻击，一次次累积下来，狗的性格除了越来越敏感之外，一见到嘴套就会想起被主人暴力对待的情景，整条狗立即处于高度戒备的状态。

对于已经无法为其戴嘴套的狗，我们该如何进行脱敏训练，让狗可以安静地戴嘴套呢？

在我的教学步骤里，嘴套的脱敏训练不适合单独进行。它必须安排在感情培养和服从训练之后。当狗信任并服从训犬师后，稳定性自然会提升、敏感度会下降，此时的狗，若对嘴套的恶性连接不强烈的话，通常都会愿意戴嘴套。但若是狗对嘴套的恶性连接异常强烈，训犬师就要特别安排，单独对狗进行戴嘴套的脱敏训练。

在日常生活里，我会将嘴套作为容器，故意把食物装在嘴套里面，目的是为了让狗主动将嘴伸入嘴套里。起初狗会排斥嘴套接近并攻击咬嘴套，甚至企图咬训犬师拿嘴套的手。但是请耐着性子等待，慢慢地，狗会放松戒备，愿意将嘴伸入嘴套内取食，这是第一个步骤。

我会观察狗的取食动作，决定是否要进行第二个步骤。

若狗将嘴套内的食物叼咬出来、离开嘴套再吃下肚，那就要继续第一个步骤。若狗是直接将嘴伸入嘴套内、头也不抬地进食，那么就可以进入第二个步骤，在室外进行服从训练时为狗戴上嘴套。

训犬师在室外进行服从训练牵引，为狗戴嘴套。此时只要单纯将嘴套套入狗的吻部，不绑固定带并在大约0.5秒内迅速取下嘴套，目的是要狗习惯吻部被嘴套套入的动作。这不单纯只是嘴套脱敏，还包括对拿着嘴套的手进行脱敏。

随着套嘴套的时间慢慢增长，训犬师会再做用嘴套来按压狗鼻子的动作。压鼻子的力度由轻至重，目的是为了让狗适应绑上固定绳时伴随而来的对鼻子的压迫。让狗习惯这样的压迫动作和力度，这是第三个步骤。

当前面三个步骤完成后，训犬师会开始在套嘴套的同时，上下左右前前后后地移动嘴套，目的是让狗习惯来自于不同角度、不同力度的戴嘴套动作，这是第四个步骤。

第五个步骤就是绑上固定绳了。通常，前面四个步骤都完成后，第五个步骤便能轻易完成。但这还不是最后的步骤，因为嘴套虽然成功戴上了，还要让狗戴得久和戴得习惯才行。

最后的步骤是，牵引着戴上嘴套的狗进行各式各样的训练动作和散步游戏。训练、游戏期间可能需要阻止狗试图用前肢拨弄嘴套，让狗越来越习惯戴嘴套，观察即使在戴着嘴套的状况下，狗的呼吸频率和情绪状况是否都十分正常，到这个程度，便完成了戴嘴套的脱敏训练。

狗为什么不喜欢剪脚指甲

狗的脚指甲如果放任不管，尤其是狼爪部位，会越长越长。过长的脚指甲会呈螺旋状朝左右分开，狼爪部位的脚指甲则会反勾插入肉里，严重时甚至会从肉里再回插长出来。

如果狗的脚指甲长度超过脚底肉垫，又长期住在硬质地板的环境中，过长的脚指甲会造成狗行动不便，甚至因而打滑跌倒，造成骨折脱臼。以同等长度的脚指甲来说，狗若是生活在草坪泥土地等松软的地面上，长脚指甲具有良好的抓地力，如同田径选手穿上钉鞋在软质的塑胶跑道上更能发挥好的能力，但是在一般的硬质道路上却是举步维艰。

狗的脚指甲内有血管，血管会随着脚指甲的生长而生长。若狗在剪脚指甲时都是剪至血管前，这个血管会随着狗的年龄增加变得越来越长。生活在室内的狗，只要在走路时脚指甲会敲击到地板，便属于过长，就要再剪短。剪脚指甲时请务必交给专业宠物美容师来处理。如果不得已要剪到血管的话，专业的美容师会用止血粉来处理伤口。

值得一提的是，若是2~4月龄的幼犬自小剪脚指甲便会断血管，那么成年后其脚指甲内的血管不会随着脚指甲生长而变长。若是脚指甲和血管都已经长到超过肉垫的成年犬，则需要仔细评估断血管的风险。通常，血管粗大的脚指甲，我不建议在狗清醒时采用断血管的剪法，可能要利用麻醉洗牙时再来断那粗大的血管，避免狗过于痛苦。

我们要知道，狗不爱剪脚指甲是很正常的事。但是若敏感到一见到指甲剪就大声吠叫、抗拒挣扎，甚至于攻击开咬，那么便需要进行狗对剪脚指甲的脱敏训练。

　　一般而言，狗有18～20根的脚指甲，在为其进行脱敏训练时，必须先——谨慎确认脚指甲内血管长度的位置，千万不可以剪到血管，以免增加狗的痛苦而导致狗更加排斥剪脚指甲。

　　首先，要让狗习惯你去触摸它的每一根脚指甲，同时也要让狗习惯你去挤压它的每一根脚指甲。在剪脚指甲时，我们必须按压住肉垫的止血点，并将脚指甲挤压出来。

　　若是一见到指甲剪，狗马上呈现紧张防备的状态，则请多准备几个指甲剪，分散放在狗的生活环境中和睡觉的窝旁，让狗看指甲剪看到习惯。

　　接着，可以在牵引训练时用拿着指甲剪的手去称赞狗表现良好，让狗对拿着指甲剪的手建立新的连接，取代过去的恶性连接。

　　最后，是将每一根脚指甲分为三刀来剪，左斜剪一刀，右斜剪一刀，正中剪一刀。进行脱敏训练时，每天每次只剪一刀。由于脚指甲的生长速度很慢，因此，18～20根脚指甲乘以3倍下刀次数，那么你将有54～60次的脱敏训练机会，也就是说，有将近两个月的时间，能让你进行剪脚指甲的脱敏训练，直到成功为止。

笼内训练

现代人养狗，若是养在室内，总是希望狗跟人一样，能在家里自由走动。但是对于有异常行为的狗来说，过度的自由并不是件好事。

比如说刚好你住在比较低的楼层，也许是一整排隔间套房的头几间。你很少带狗出门，那么，不知不觉里，狗便会对自己居住的环境产生地盘意识。一点风吹草动的声音，也许是马路边有人说话大声了一点，也许是邻居下班回来走在走廊里，就会引起狗的吠叫。这个外来的声音越接近狗的位置，狗的吠叫声越大、越急促。再者，有客人到家中拜访时，或是快递员来了，若狗性格再敏感一点，很容易因为感到地盘被侵犯而产生攻击行为。

我们要知道，每一个异常行为背后的原因全部都是环环相扣的。进行笼内训练，可以缩减狗的地盘，避免很多恼人的吠叫和攻击行为。

进行笼内训练前，我们要先挑选一个坚固的笼子，也可以是狗屋，只要笼子或是狗屋的材质坚固耐用即可。但是不建议使用围片式的围篱，因为它没有屋顶。

顶盖或屋顶在笼内训练里，是相当重要且必备的一种结构要素，它可以避免狗攀爬或者跳跃逃脱。

对于性格敏感的狗，笼子的位置不要安置在电视机旁边，而且要远离大门。住在低楼层的狗主人，建议让笼子远离窗户。

狗是穴居型动物，当笼内训练完成后，笼内对于狗而言不再是限制活动的小空间，而是一个绝对安全的领域。

具有雷雨恐惧症的狗，总会在下雨打雷时拼命地往椅子、床底、衣柜或者空纸箱里钻，就是因为上下左右都有遮蔽的环境更能够让狗有安全感。

我建议笼子的位置要安置在屋子最深处，不要正对大门，不要在电视机与窗户旁边，目的是制造一个不被打扰的环境。

对于从来不曾被关进过笼子的狗，刚开始进行笼内训练时会有一段过渡时期。狗会排斥进笼，会在笼内不断大声吠叫，甚至会出现啃咬与抓挠笼子等行为。

你可以采用循序渐进的方式引导狗习惯进出笼子。

第一周每天10次，用绳子牵引搭配口令，引导狗进笼。笼门不要关，狗一进去就给狗吃一个可一口吞下的小零食。狗一吃完就会急着出笼，请连续反复练习。

第二周，让狗在笼内吃可以嚼久一点的零食，目的是让狗开始对笼内的进食环境产生安全感，甚至连喂食正餐时都让狗在笼内吃。饭碗摆放的位置也很重要，不要让狗面对墙壁吃饭。

第三周，开始让狗习惯在笼内独处，人可以从狗的视线范围内短暂消失，人消失的时间由短到长。每日练习次数可自行斟酌。

进行笼内训练的最后阶段，若狗没见到人就开始吠叫，千万不要理会狗，连瞄一眼都不要瞄，但是一旦狗一安静下来，哪怕只是狗吞咽口水、喘口气的时间，人就要马上出现，并且给狗奖励，目的是要让狗建立"只要不吠叫就可以看到人"的连接。

此外，需根据狗的年龄选择进行笼内训练的关笼时间。断奶后2~8个月内的幼犬，最长关笼时间与狗的月龄相同，例如2月龄犬为每日2小时，除了睡眠时间之外，时间一到就要放狗出笼活动与大小便。8月龄后的狗，最长的连续关笼时间为每日8~9小时，且建议安排在晚上的睡眠时间。

受过笼内训练的狗，将来因生病、受伤需住院治疗时，或是要搭高铁、飞机等交通工具时，便能自在地在笼内久待。

还有一点，笼内训练不等于关笼惩罚。有笼内训练就会有笼外训练，例如利用狗一出笼就十分愉快的情绪，进行服从性训练。此时狗的心是开放的，对于训练的接受度相对也会提高。例如大小便训练，只要正确掌握合适的关笼时间，狗是不会在笼内随意大小便的。狗一出笼就马上带到可以大小便的地方，时间久了、次数多了之后，狗就会养成正确的定点大小便的习惯。

汉克这样说

对于有各式异常行为的狗，对它进行笼内训练是很重要的！但是必须清楚地认识到，关笼不代表处罚。

专栏

大小便训练

对于第一次养狗的新手而言，把狗带回家后面临的第一个考验就是狗不会在主人所期望的地点大小便。大小便训练的方式很多，都与日常生活作息和饮食脱离不了关系。作息时间要规律，饮食时间、分量、内容物要规律、要合适，这样才能让你掌握狗大小便的时间规律。

狗的原始记忆基因属于穴居型动物，穴居动物的特点是不会在自己每天吃饭、睡觉的地方大小便，因此，我们可以利用这个记忆基因来进行大小便训练。

首先，我们要为狗准备一个有屋顶的封闭式巢穴，我建议使用狗屋或是笼子。眼尖的你是否看出了线索？是的！就是笼内训练！笼内训练与大小便训练之间的关系是相辅相成的，笼内训练里包括了在笼内进食和睡觉，前提条件就是让狗拥有一个巢穴，而狗是不会在自己的巢穴里随意大小便的。

在进行笼内训练期间会有一段过渡期，指的是狗还未完全适应被关笼限制活动的时期。这个时候的狗会表现出焦虑，轻则连续性吠叫，严重时可能会试图挣脱笼子的束缚、奔向自由活动的空间。但只要过了这段过渡期，狗开始意识到待在笼内时是可以放松心情的，笼内是一个有安全感的空间，就代表笼内训练完成了。我们在进行笼内训练的同时，也要开始进行大小便训练，而不是任由狗在笼内方便，影响了大小便训练的进行。

笼内训练中的狗并不是24小时都要被关在笼子里，而是需根据狗的不同年龄确定不同的关笼时间，这意味着有关笼就必须有放出笼的动作。2月龄的狗连续关笼的时间为2小时，3月龄的狗连续关笼的时间为

3小时，4月龄的狗为4小时……以此类推，至8月龄之后的狗，连续关笼的最长时间则以8～9小时为上限。每一次，放狗出笼的第一个动作，就是直接带狗去你所设定的地点大小便，便后才能进行其他活动。

有一些细节我们必须要注意，若是要求狗在浴室内大小便，浴室内的地板务必要保持干燥；若是要求狗在室外大小便，那么你牵狗出门的动作要快，不可停滞过久，如果有等待电梯的时间，就要一并纳入计算。还有，在室内大小便的狗，最好的引便剂是狗自己的尿液和粪便。因此，我建议不要将狗大小便后的现场清洁得太干净，留一点尿液、粪便渣渣作为引便剂，可以帮助狗下一次大小便时，更加确定应该要大小便的地点。

在进行大小便训练的时候，我们必须掌握好狗大小便的习惯节奏，笼内训练就是一个很重要的环节。笼内训练成功的狗，会有两个大小便的黄金时间，一是吃饭前后，二是睡了一夜刚醒时。我们只要充分利用这两个黄金时间引导狗狗在指定的地点大小便，将会有事半功倍的效果。除了利用笼内训练进行大小便训练之外，我们也可以教狗在尿布上大小便。我的做法是，先好好观察狗在家里随意大小便的地点，是否都是固定的那几个地点，然后，在那些位置铺上尿布或是尿盆（会撕咬尿布的狗就使用尿盆），每隔一周移动一点尿布或尿盆的位置，每次约移动50厘米。使用过的尿布请不要急着收拾干净，这也是一个很好的引便剂，然后花几周的时间，慢慢地将尿布逐步移动到你所设定的地点。

第二种方法是，给狗一个活动空间，这个空间可能是一整个客厅，也可以是利用围片围出来的空间。在这个空间内铺满尿布，因此不论狗在哪里方便，都会百分之百地命中在尿布上。之后每隔一周就抽掉一片尿布，花上几周的时间，慢慢减少尿布的数量，直到最后只剩下一片尿布。

当狗在正确的地点方便时，请同时给予口头称赞；当狗方便一结束，请马上给予一个可以一口吃下去的小零食作为奖励，这样可强化狗对于大小便地点的认知。有的时候，狗甚至为了要得到你的零食奖励，即使自己没有便意，也会刻意跑到正确的地点方便给你看。狗会硬挤出几滴尿液，然后再兴高采烈地跑过来吃你给予的零食奖励，并且一直重复这样的动作。

汉克这样说

利用笼内训练来辅助进行大小便训练的狗，每顿饭后 2 小时内必须放出笼方便。

辅具应用

身为专业训练师，我经常使用P字链进行教学训练，尤其是在面对具有高度攻击性的中、大型犬时，P字链能够协助我进行有效的训练矫正教学。

P字链

P字链的材质有金属与尼龙布两种，二者的操作方式与功能完全相同，唯一不同之处在于滑动时前者有声响，后者无声响。无声响的P字链可用于狩猎犬的训练与穿戴，避免狩猎中惊动了猎物；也可用于高级训练项目中，让狗更加专注于训犬师所下达的每一个命令。

P字链的结构是封闭环状结构，当一端被拉起来时，整个环状结构会缩小，可用以约束与控制狗的行动，尤其是在面对中、大型凶猛犬时，这份约束与控制可以确保训犬师或是救援人员的安全。

响片

另一种常用的辅助教学工具是响片。响片的响体通常是一片薄金属或塑料，封在可让响体微微鼓起的外壳里。按压按钮使响体脱位、回位的振动，即可发出清脆的咔嗒声。响片训练主要用于制约增强训练，增强物的适时出现，提升了狗在相同情况下重复某一种行为的概率，即增强物对于狗的反应有强化作用。制约增强有两种，一是正增强，二是负增强；在增强的同时，也存在两种处罚形态，一是正处罚，二是负处罚（关于正负增强请见第74页）。

说到P字链与响片这两种训犬辅助道具，许多人对它们有某种程度上的误解，认为P字链是残暴的训练道具。响片训练的原理，是使用正增强与负处罚，而P字链的训练原理则不完全属于负增强与正处罚，正确来说，P字链的训练原理，是在正负增强与处罚之间循环游走。

这些干巴巴的文字可能不容易明白，下面我来举几个如何使用这两种工具的例子，就会更清楚了。

例一 一条狗出门散步时会暴冲，完全不受主人控制。

响片是在松绳状态下让狗边行走边得到主人给予的赞美和食物奖励。在低约束、低限制的状态下，让狗愉快地产生脚侧随行的连接。

P字链是在半松半紧绳的状态下让狗边行走边得到主人给予的赞美和食物奖励。在P字链的约束与引导下，让狗谨慎地产生脚侧随行的连接。

前者为低约束、低限制，因此训练成功所需的时间较长；后者为有约束限制规范，因此训练成功所需的时间极短。前者容易因人犬关系错误和训练外在环境的干扰而导致失败；后者则没有这方面的困扰。前者在训练成功后，便不再需要响片，即可让狗无牵引绳而在主人的身边脚侧随行；后者在训练成功后，亦能不再需要使用P字链，即可让狗无牵引绳而随行在主人身边。

这里所说的训练成功，指狗已经能够充分理解主人的要求，并做出脚侧随行的动作，而且是一种自发的脚侧随行动作。

例二 一条藏獒会咬路人、咬主人，出门暴冲、不受主人控制。

这个案例比第一个案例多了个大型凶猛犬对人类攻击的元素。这种情形下，响片无法有效地让狗产生因为不咬人而得到零食奖励的连接，所以难以通过响片做有效训练。响片的实际应用状况是，狗在训练期间接受食物奖励，但是仍然继续咬人。而且有时候，这条狗是不接受食物奖励的，不仅训犬师无法接近狗，甚至连狗主人都无法接近。

P字链训练是在紧绳的状态下让狗边行走边得到主人给予的赞美、食物奖励，让狗在受到约束与限制的状况下理解，如果服从主人就可以得到松绳的自由感。同时，让狗降低对人的攻击性。

例三 一条藏獒已经咬上了人，死死咬住不肯松口。

响片训练无法使其松口，而且狗自行松口后，也无法利用响片训练使其不发动第二次的攻击。P字链训练采取紧绳的状态使其松口，并且在反复紧绳与松绳之间，提醒狗不可以再对人发动第二次攻击。

我想要再次强调：

P字链的训练原理并不是只有处罚。

P字链的操作方式，绝对不是狂拉猛扯、使狗紧张害怕而臣服于人。

P字链的处罚动作不是狂拉猛扯。这非常重要，再强调一次。

P字链因材质与粗细的不同，会产生不同的约束限制效果。

P字链因佩戴位置的不同，会产生程度不同的训练效果。

P字链是专业训犬道具，不建议作为一般项圈使用。应该由正规的训犬师指导P字链的使用方式，不当使用P字链容易导致狗受伤甚至死亡。

汉克这样说

辅助工具本身没有所谓的好坏对错之分，有对错好坏之分的，是操作方式与操作者的人品。

专栏

正负增强与正负处罚

百分之百完全正向的训练是不存在的，一个完整的训练过程，一定包含了正负增强和正负处罚。

以用普通牵引绳进行脚侧随行训练为例。当狗拉着你暴冲出去时，你需要马上掉头不看狗，往反方向走（负处罚），于是，狗就会从你的后方跟上来（负增强）；在狗经过你的脚边想要超过但未超过你之前，要将牵引绳上提以阻断狗的行动（正处罚），同时给予一块零食奖励（正增强），连带称赞狗愿意停在你脚边的行为（正增强）。

接着，再往前走一步，手中的牵引绳也往前拉一下，促使狗跟上你移动的脚步（负增强），然后停止，当狗正要超过你但未超过之前，要将牵引绳上提以阻断狗的行动（正处罚），同时给予一块零食奖励（正增强），并再次称赞狗愿意停在你脚边的行为（正增强）。

最后，将移动的步数增加，由最初的每走一步就称赞一次（正增强），逐渐增强到每走10步才称赞一次（负处罚＋正增强＋制约），进一步到可以走连续步，最终完成脚侧随行训练。

制约增强训练

（正负增强和正负处罚）
例如：脚侧随行

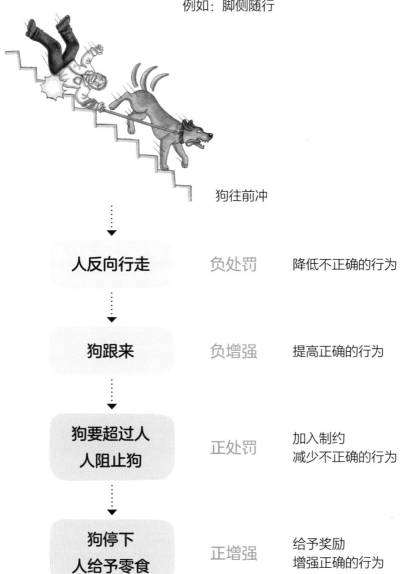

狗往前冲

人反向行走	负处罚	降低不正确的行为
狗跟来	负增强	提高正确的行为
狗要超过人 人阻止狗	正处罚	加入制约 减少不正确的行为
狗停下 人给予零食	正增强	给予奖励 增强正确的行为

饮食、生活、运动与训练之间的关系

一位运动员为了在运动场上取得好成绩，势必得接受严格训练。这一位运动员若处于一群杰出的运动员之中，在严格训练这个统一条件下，成绩表现几乎都会达到非常接近的程度。如何才能够脱颖而出取得优胜呢？除了训练时比别人加倍努力之外，各方面都会非常严谨，甚至会特意调整饮食内容和生活作息，在同中求异，才是胜负的真正关键。

杰出的运动员会每天不断重复练习相同的动作，这就像我以下要说的机械式反复练习一样。

我们教狗时，尤其是需要体力的训练项目中，最常见的是服从性训练。每天，我们都会固定牵引狗进行停停走走、跑步、坐下、卧倒和唤回的服从性训练，这是一种机械式反复练习。这个时候，狗的体能状态决定了每次训练所能够持续的时间。若狗的体力不支，势必会影响狗的专注力，也会连带影响狗是否能充分理解我们所传达的信息。

除了日常运动量的管理影响到狗的体力之外，气温、饮食、生活作息和年龄，甚至于品种之间的差异，都会影响狗的体力。品种之间的差异性是什么意思呢？例如我们带狗去跑步，藏獒与西伯利亚哈士奇，你觉得谁跑得比较快？谁跑得比较久？谁又可以跑得比较远呢？再例如我们带狗进行护卫训练时，德国狼犬与松狮犬，你觉得谁跳得更高？谁跳得更远？谁又有足够的爆发力和续航力可以追上正在快速逃跑的歹徒呢？我所举的这几个例子，便说明了品种之间的差异性与体力的关系。

接下来，我们来谈谈狗的运动管理与精神、情绪之间的关系。狗的体形越大，便越需保证有足够的运动量。应根据该犬种个体的特色与需求，去定义所需要的运动量。当狗的运动量不足时，除了难以进行长时间持续训练之外，亦有可能引发其他不良情绪，引起各式各样的行为问题，例如性格过度敏感、过度兴奋，或是异常安静、无精打采等，甚至发展出破坏家具、狼嚎或是自残身体等异常行为。

我们明白了运动对狗的重要性后，该给狗什么样的运动呢？又该如何进行运动呢？

带狗一起散步、一起跑步、一起游戏，甚至于一起游泳、一起爬山等，都是很好的运动方式。我知道有些主人会有一种想法，把狗养在车库里、院子里，觉得这样的大空间足够让狗好好活动。事实上却不是如此。第一，活动空间虽然大，却不代表狗在这个空间里会自动自发地每天规律运动；第二，活动与运动，在本质上是完全不同的。

大家是否注意到，有一个关键的字眼是"一起"？唯有主人陪同时进行的动作，才能对狗产生有效刺激，达到运动的目的，才能让狗的体能状况越来越好。这样的狗，不论是在日常饲养管理上，还是在进行训练时，都能更快地进入状态。

训练的本质是违背意愿的状态，人可以因为知道自己目标在哪里而去挑战自我、战胜自我，咬着牙、噙着泪朝着目标前进。然而狗的训练需要这样子吗？

有些训犬师在训狗时是专横霸道的，尤其是在训练矫正对人具有攻击行为的狗时，如果狗出现了抗拒甚至试图攻击训犬师的情况，训犬师便会采用更高压、更暴力的手段让狗屈服。

我认为这是不正确的。高压的训练或许适用于人类运动员，那是因为人清楚地知道自己的目标，而狗却不知道它攻击咬人哪里有错，狗也不知道它接受训练的目标是不要再攻击咬人。

还有一点，一位优秀的训犬师在训练狗之前，必须保证让狗拥有所需的体力，而体力源自于充足的食物、睡眠和运动。我曾经多次听到过某些谬论，说将狗关进笼内不准出笼，再让狗饿几天，甚至让狗饿到皮包骨头之后，再给狗吃食物，再带狗出笼，狗才会知道尊重给它食物并带它出笼的训犬师，训犬师与狗之间的主从关系才能够建立起来。

这是绝对错误的观念。训练的本质虽然违背意愿，但也应是人道管理。

在前期训练中，每天让狗饿肚子并不人道，而且狗一直处于饥饿状态，性格将会更不稳定。被训犬师带出笼之后要再关进笼时，狗会更加抗拒进笼，甚而可能转身攻击训犬师。也许有训犬师认为饿过头的狗更好教，但在我看来，这代表狗已经饿到没有力气去追着你咬，又或者是狗已经被关笼关怕了，这一切都不代表狗处在更好教的状态里。

再次重申，训练狗最重要的条件，是正常的饮食管理和规律的生活作息时间以及正确的训练方式。

当你满足了狗的饮食、生活作息条件，搭配笼内训练进行规律的时间管理，再加上适度的运动管理后，狗将会期待每一次出笼上课。接着采用循序渐进的方法，动作由简至繁，利用引导和鼓励让狗进入训练的情境里。随着时间的积累，狗将会开始理解你要传达的是什么。当它开始享受你给予的称赞、奖励之后，训练的本质已不再是违背意愿，它会表现得越来越棒，它的专注力将会越来越集中在你身上，你与狗之间的关系也将变得越来越亲密且良好。

汉克这样说

训练时，务必要让狗理解你要传达给它的信息，这是用动作来传递的，而不是用嘴巴来说的。

上门教学与脱离原环境训练

我时常接到许多陌生犬友的来电咨询，每次我都会仔细地去了解每一条狗的问题，以便更好地判断我该如何进行指导和解决问题。

有些问题其实并不需要训犬师，狗主人只是缺乏正确的饲养、管理或是训练方式。这种情况，我都会直接在电话里免费指导狗主人，该如何自己进行矫正，例如3～4月龄的狗会因护食而咬人、随地大小便、乱咬家具等异常行为。

但是有些问题却不是狗主人有能力自行矫正的。问题可能不是特别严重，只是这个训练矫正的技术无法完整地单凭口述指导，这时我会安排进行上门教学。例如狗散步时会暴冲、狗出门在外时会追逐车辆或是其他小动物、狗会随地乱捡食、中小型犬会攻击经过它身边的陌生人等异常行为。

还有些是严重的行为问题，严重程度是我认为即使上门教学也不一定可以彻底解决，例如中大型犬攻击咬任何从它身边经过的陌生人、中大型犬攻击咬自己家人、狗与狗互相打架时将对方往死里咬等异常行为。具有攻击性的狗，体型越大，其攻击能力愈强。在训练矫正时，训犬师被咬成重伤的风险比小型犬高，这时我会特别要求中大型犬进行脱离原环境训练。

有效的黄金训练时间

具有地盘性攻击性的狗必须脱离原环境来到犬舍受训。原因其实很简单，就是因为在狗的地盘里，无法真正有效地进行训练矫正。只有让狗离开它自己的地盘，并且把握住第一次训练的黄金时间，训犬师才能节省很多精力，狗抗拒的心态也会比较弱，让整个训练过程更加自然顺畅。

所谓第一次训练的黄金时间，指狗在换环境后逐渐适应新环境、新生活作息，逐渐认识训犬师，尚未完全适应与熟悉的状态，这就是让狗第一次接受服从训练的黄金时间。

值得一提的是，有些训犬师没有自己的训练学校，即使遇到需要脱离原环境受训的狗，训犬师仍然可能会接下案子上门训练狗。于是，训犬师会在狗的地盘上跟狗硬碰硬，随着时间的流逝，狗的体能渐渐流失，抗拒的力量会渐渐减弱，看起来狗开始向训犬师臣服了，但这却不是狗从心里真正地服从。等到训犬师下课后，或是等到狗隔天睡饱了精神恢复后，狗的不良情绪容易反应到主人身上，宣告训练失败。

有些训犬师在狗的地盘上进行上门教学，会单纯利用零食诱饵与狗建立起感情关系。太容易得到零食诱饵等奖励，对于目中无人、自以为是性格的狗，往往会造成一种反效果，可能狗零食吃了，但是仍然会咬人。

性格异常敏感且具攻击性的狗，已经整天生活在感受到极大压力的环境里了，一点小刺激都会引起极端情绪，而且全家人都被狗给咬怕了。训犬师若试图在这样的环境下上门教学，往往很难获得理想的效果。当训犬师离开之后，全家人对狗的恐惧，也难以在短时间内克服。

我经手的案例中，有一条来自台北的咬人柴犬"大胖"，它就必须脱离原环境训练矫正。需要训练矫正的项目包括：

❶ 主人在家里动一动脚趾头，狗就冲上来咬。

❷ 主人伸出手摸摸狗，狗就张嘴咬，而且还会将主人逼到墙角处无路可逃。

❸ 主人使用吸尘器时，狗会咬吸尘器。

❹ 每当下雨、打雷、放鞭炮时，狗会非常焦虑、害怕，还会全身发抖。

❺ 散步走到某个路段之后，就死也不肯再继续前进了。

在经过了4个月的脱离原环境训练矫正之后，我重新建立起了狗与主人之间的新关系，并且降低了狗的敏感性。同时也通过毕业前的上门移交训练课程，成功打破了受训前在家里的错误恶性连接，重新建立起主人与柴犬之间的新连接。

教育没有捷径

每当有新的狗来受训矫正，大部分的狗主人都满心期待自己的狗可以快点学会、赶快毕业。

但是，我在这里要跟大家说：教育没有捷径！

你们不要以为狗一来犬舍，就能开始每天牵出去上课训练了。当狗换环境来到犬舍受训矫正时，其精神状态会出现程度不一的紧张。性格越敏感的狗越紧张，紧张的情绪会反应在狗的食欲不振、睡眠不安稳、连续大声吠叫、细细呜呜地低鸣，甚至身体的免疫力都会随之下降。这个时候的狗，是不适合进行任何训练矫正课程的。

我们训犬师要辅助、引导、陪伴这些"新同学"，让"新同学"可以认识我们每一个人、了解我们犬舍的生活作息，然后就静待时间来改变。一般而言，1~2周的时间后，狗自己会渐渐适应新环境，并且自行消化掉这些紧张情绪。

其实有很大一部分训练是落实在日常生活管理中的。训犬师要喂狗吃饭，并且带它们散步、游戏。将彼此之间的感情与熟悉程度一点一滴地慢慢建立起来，这对于矫正凶猛犬的攻击行为而言，是相当重要的步骤。

会因护食而攻击咬人的狗，训犬师还要仔细观察狗每日的进食欲望与排便情况，找出适合的喂食内容与喂食分量，训练狗养成进食的好习惯。同时也需要在日常生活中建立起进食后可以马上出笼活动的连接，让有护食攻击行为的狗在不知不觉中得以矫正。

对有其他攻击行为的狗，训犬师必须以循序渐进的方式引导狗进入适合学习的状态。而不是一味要求狗要服从、要服从、要服从。每一条狗进入适合学习状态的时间都不同，等我们察觉到狗已经开始进入状态中时，可逐步加强动作的细腻度。目的是要狗将专注力放在我们训犬师身上，并且还要让专注力持续的时间由短至长地逐步增加。

但是，训练太多太快会出现抗拒的反效果，训练过于疏松则会导致训练无效，因此训犬师还必须拿捏好训练的频率与强度。

攻击行为矫正并不是一味地去称赞狗，更不是不断地讨好狗。明明狗什么事都没做，你却在一旁不断称赞它好棒好乖，这会让自主意识高的狗变得更嚣张，让错误的人犬关系错上加错。攻击行为的矫正也并非只去闪避狗的高压线，乍看之下好像训练已经完成，但是一不注意碰到了狗的高压线时，你就会被咬了。这种情形绝非我所认为的成功的行为矫正。

你花钱买的应该是训犬师的专业

训犬的领域是很广泛的，不是狗会咬人时随便找个训犬师就行了。就像人的医生一样，脑有脑科、骨有骨科、皮肤有皮肤科、生小孩有妇产科，分门别类。也就是说，如果要生小孩，应该不会去看耳鼻喉科吧。

拿我自己来说，我不会教狗护卫、搜救、缉毒、表演马戏、表演接飞盘等。我是狗的异常行为矫正训练师，就单纯只会教行为矫正而已，尤其是具有攻击行为的狗更是我的常客。

训犬师除了教狗之外，还必须了解狗主人的性格、饲养管理狗的方式、家庭成员与狗之间的关系、时间配合度、对训练动作的理解与熟悉程度等情况与条件。

不适合上门教学的狗，就必须脱离原环境来进行教育，无法配合就不能硬教。但是我所见到的却是持续不断的上门教学，当训犬师发现狗已经训练失败或是训练无效之后，再来告诉狗主人，一切归咎于狗主人自己本身的问题。

的确有些狗在矫正失败或是训练无效后，会转而来到我的手中受训矫正。但是，有更多的人却付不出第二笔训练费，或是不再愿意相信下一任训犬师，不再相信自己的狗可以矫正好，产生了环环相扣的一连串问题：

一是浪费时间，浪费金钱。

二是错失训练矫正的最佳时机。

三是狗将变得更敏感或是更霸道。

四是增加了二次训练矫正的难度。

五是狗主人无法再信任科学的训犬方式。

六是狗无法被人道饲养管理。

七是最坏的情况，狗因此被弃养了。

再次强调，行为矫正并不是动作训练，是一种内心的矫正训练，这也是一般传统训犬师所无法理解的部分。在训练的过程中，我们必须判读狗的情绪与想法。不论是投其所好，还是阻断引导，都要确认狗可以完整接收到我们训犬师所给予的种种要求与称赞，让狗明白是与非的定义与界线。

汉克这样说

一位优秀的训犬师，要能够判断并且设计出对狗最合适的行为矫正课程。

步入新生活的移交训练

移交训练有一个重要目的是平复狗主人的心理创伤，不仅是帮助狗，更是帮助人。一般来说，主人会来找训犬师协助的狗，都是有行为问题的。根据我自己的经验，大部分来找我训练矫正的都是会攻击咬人的狗，有些狗是攻击咬外人，有些则是攻击咬自己家人。矫正会攻击咬外人的狗与矫正攻击咬家人的狗，在训练方面要考虑的点完全不同，会攻击自家人的狗，要调整的重点不在狗，而是在人。

试想一下，当自己养的狗会狠狠攻击咬自己、攻击年迈的父母长辈甚至攻击自己的小孩子时，你的内心深处会承受怎样的压力？家人们的内心，是否会对这条咬他们的狗感到恐惧害怕？

被狗给咬怕了的人，内心深处会对狗感到恐惧与不信任，我称之为一种"心理创伤"。训犬师是狗与人之间的沟通桥梁，如何化解这些负面的心理创伤，亦是我的指导重点之一。

首先，训练的重点一定是先放在狗的身上。严重攻击咬家人的狗，可以想见，它每天生活在令它感到神经紧绷的环境里，这样的环境不适合上门训练，我会让狗脱离原环境，到犬舍来住宿受训。

我会让狗认识我、熟悉我，让狗了解并习惯犬舍的生活作息，同时，让狗学习并理解我的每一个训练与每一个要求。当狗的服从性提升之后，稳定性自然也会跟着提升，敏感度也会随之有所下降，到犬舍来训练还有一个有利点就是——狗会开始想念家人。

一段时间后，狗主人来到犬舍探视，此时大多数狗的情绪表现与敏感度已和受训前完全不同。大多数的狗已经会平开耳朵、摇着尾巴，对着主人表现出善意，甚至会主动向主人撒娇。这是好现象，但不代表狗已经被教好了。

为什么我说这不代表狗已经被教好了呢？原因在于旧的错误连接依然存

在，也就是说，当狗平开耳朵、摇着尾巴对主人撒娇时，主人往往会情不自禁地伸手去摸狗，这时，狗很有可能突然之间想起什么，瞬间张嘴咬主人。而这个突然想起的事，就是狗到犬舍来受训前，主人曾经对狗的暴力虐待。旧有的错误连接还没有被打破，新的连接还没有覆盖在旧有的连接之上，矫正训练便尚未完成。

主人好不容易鼓起勇气伸出手想摸狗，而狗却在旧有错误连接的作用下再次攻击主人，这无疑会对主人造成二次伤害。尤其是狗正处于训犬师训练矫正阶段，很有可能连带让狗主人对训犬师失去信任。因此在我拥有十足的把握前，凡有狗主人在训练矫正初期前来探视，我都会要求狗主人一律不得主动去触摸狗。

我教的服从训练动作非常细腻，细腻到给狗一个眼神，狗就知道我要它做些什么事情或是做些什么动作，同时，我也会留心观察狗呼吸换气的频率与深浅，留心观察狗的眼神与表情，以此判断狗的情绪是否稳定。

当我已经拥有十足的把握时，我才会告诉狗主人可以触摸狗了。当狗主人做出久违的触摸动作时，狗所给予的正向回应会让主人将过去所有的负面记忆放下，在一次又一次、一遍又一遍进行触摸时，就是我在帮狗主人重新建立新的连接，也就是我在帮助狗主人平复被自己爱犬攻击的心理创伤。

汉克这样说

移交训练不单单是在家教狗，正确来说，移交训练的教学对象是人，甚至可以说是在重新建立人对狗的信任与信心。

把训练
融入生活

过度兴奋：是你在遛狗，还是狗在遛你

想想，这是不是曾经发生在你家的画面：你准备带狗出门散步，看了狗一眼，同时说出"散步"，在你还来不及顺利地为它系上牵引绳之前，狗便立刻兴奋地往门口冲。

也许因为平常没有遛狗散步的习惯，当狗知道它可以出门时，它的情绪表现会是如此亢奋。以这样的方式带狗出门，它的表现除了拉着你跑之外，还可能对来往的陌生路人吠叫，甚至想扑从它身边经过的陌生人。因为知道狗出门后会出现这样的恼人行为，你感到却步，于是你决定往后尽量不带狗出门。

这将形成一个恶性循环！

我说过，狗所有的异常行为几乎都与饲养人有着极大的关系。你越不带狗出门散步，它就越期待出门散步。当它的期待被你过度放大时，它的行为表现就越容易失控，最终，我们用"完全失控"来描述这种状况。

长期以来，我一直将给狗主人的忠告挂在嘴边：养狗要花时间，工作繁忙没有时间的人不适合养狗；养狗需要花钱，经济能力不好的人不适合养狗。

千万不要以为买了防暴冲的牵引绳或是用了P字链，就可以成功地让你轻松优雅地带狗出门。让狗接受正规训练师的服从训练，才是有效改善你与狗之间窘境的办法。唯有当狗学会服从你的要求后，才有可能让狗在出门前乖乖坐好让你顺利地为它系上牵引绳；出门后，即使你穿着高跟鞋，狗仍然让你轻松自在地牵引散步，最后一起返家，结束这趟完美的散步旅程。

要知道，人是由思想来改变行为，而狗是反过来的，由行为来改变思想。

脚侧随行，是适合所有犬种、所有异常行为的最根本训练，它决定了正确的人犬关系。有了正确的人犬关系，行进间的速度与方向才能全部由你来掌握。你走快狗就走快，你走慢狗就慢慢跟上，你停止不走时狗也会停下脚步，你连续原地绕圈或是蛇行前进，狗也乖乖完全配合照做。通过脚侧随行

训练，你才能轻松成为狗的领导人，狗也才会真正认同你是它的领导人。

当正确的人犬关系建立起来之后，你会发现你的狗不但服从性提高了，性格也变得稳定多了，甚至连平常令它感到敏感的事物，它居然都不在意了，一切问题皆迎刃而解。

越有行为问题的狗，必须越早接受脚侧随行训练。

再次慎重提醒大家，出门遛狗散步一定要系上牵引绳！不要以为你的爱犬多么训练有素，不用系牵引绳；不要以为你的爱犬习惯多么好，走路都会靠边走；不要以为你的爱犬穿越马路时，会停下来看红绿灯……你以为给它的是行动自由，事实上是在推它进入危险的深渊。你必须要知道："牵引绳，就是救命绳！"

汉克这样说

你必须要知道，牵引绳就是救命绳！

准备出门了

恶性循环

狗主人在家拿牵引绳

⬇

狗开始兴奋

不易上绳、转圈圈、乱跑、乱叫……

上一般牵引绳

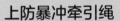

上防暴冲牵引绳

市面上出售的防暴冲牵引绳是治标不治本，只是限制狗出现暴冲行为、减缓拉力，但行为仍然存在

⬇

狗主人放弃上绳，不出门了

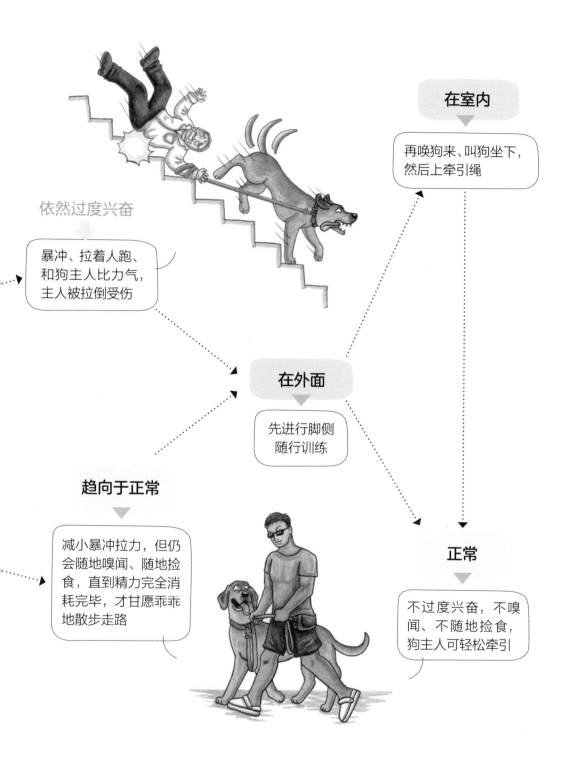

在室内

再唤狗来、叫狗坐下，然后上牵引绳

依然过度兴奋

暴冲、拉着人跑、和狗主人比力气，主人被拉倒受伤

在外面

先进行脚侧随行训练

趋向于正常

减小暴冲拉力，但仍会随地嗅闻、随地捡食，直到精力完全消耗完毕，才甘愿乖乖地散步走路

正常

不过度兴奋，不嗅闻、不随地捡食，狗主人可轻松牵引

案例一　把狗主人拉到跌倒受伤的高山犬

高山犬的体重普遍为60～70千克，肩高在80～100厘米，属于大型犬。育种繁殖者会在高山犬的血统里掺杂其他的犬种来进行结构与性格改良，例如掺杂马士提夫（英国獒）、大丹犬的血统，使一部分的高山犬先天具有强烈的攻击性，但是另一部分则相当亲人。

我有一位客户在路边捡到了一条相当亲人的高山犬，一看到人就会兴奋不已地扑上身。这高山犬的体重这么重、身形这么高大，被扑的人一定会感到极不舒服，甚至一不小心就会被狗给扑倒并受伤。

狗主人的年纪较大，有60多岁，都已经当爷爷了。每一次带高山犬去散步时总是心惊胆战的，一来怕狗会扑人，二来怕狗会突然加速行走、暴冲拖着他跑，所以主人总是将牵引绳端套在自己手腕上，并紧紧地抓住牵引绳！

结果有一天真的出事了。他们下楼梯的时候，高山犬扑通一声跳下了楼梯，由于高山犬的步幅很大，而套在主人手腕上的牵引绳一时之间无法解开，硬生生地将主人给拖下了楼梯。主人不仅摔得鼻青脸肿，就连骨盆都裂了，右肩膀也脱臼了！

我说过，在狗的认知里"暴冲"这件事情是不存在的，那是人类使用了牵引绳之后才会出现的行为问题。这体重与主人相仿的高山犬，一心一意想要出门散步，哪里会去理会跌倒受伤的主人，所以更惨的事情就这样发生了。主人在跌下楼梯、骨盆骨折、肩膀脱臼的情况下被高山犬一连拖下了好几层楼！

在我接到这个案例之后，我建议狗主人先将高山犬送到我的犬舍来接受训练，让主人自己好好养伤。

一条散步时会暴冲的吉娃娃与一条散步时会暴冲的高山犬，虽然都是相同的行为问题，但是这两条狗的力量却是天与地的差别。我们若要跟高山犬拼力量，可能会输给它们。尤其狗主人还是老年人，因此我将训练矫正的目标放在无牵绳脚侧随行上，狗主人只需要发出口令就能够让高山犬服从听话，乖乖跟在狗主人身边行走，且对外界环境里的各式刺激、各式干扰视而不见，最后再将训练好的狗移交给康复出院的狗主人，让已经服从训犬师的高山犬也能够服从主人，这才是真正的解决方式。

攻击行为：咬主人

狗攻击行为背后的原因相当复杂，攻击的对象、时机与攻击的模式，各自代表不同的含义。

我时常接到因狗咬主人请求协助的案子，狗主人的定义包含了狗主人一家人，以及经常与主人来往的亲朋好友。每一位狗主人都会对我细数狗的恶行恶状，但其实我心里很明白，狗会咬主人而且是狠咬狂咬，绝大多数都因为曾经被主人狠狠地暴力对待过。

不可否认，现实生活中，的确有狗因为被主人暴力对待后变得比较乖，但是我仍然要再三告诫狗主人，千万不要暴力对待狗，因为当有一天暴力对待再也无效时，意味着你可能需要花一笔高额的训练费请训犬师来矫正，也可能意味着这条狗将会被主人弃养了！

在这里我想特别说明，所谓的暴力对待，包含任何形式的打跟骂。很多人认为使用报纸或纸卷打狗，狗不会痛也不会受伤，称不上暴力。但是，这样的动作其实就是打狗的暴力行为了。

当然也可能有例外，狗主人从来不曾暴力对待狗，狗仍然会咬主人。

是的，狗会咬主人，大致有两个主因，一个是打过头，另一个是宠过头。

前面我已经说明"宠过头了"的内容，现在，我要来说说"打过头"这件事。

狗在家里随地大小便，你打它；狗听到屋子外面风吹草动时吠叫，你打它；狗在吃饭时不准你接近，你硬将它拖过来，狠狠地打它；你帮狗洗澡、美容时，狗不断乱动、抗拒挣扎，你丧失耐心用力地打它；你心情不好时拿狗当出气筒；没有特别原因，你喜欢对狗动手动脚并以此为乐。

如果狗生活在充满暴力的环境中，它每天都过得提心吊胆的，必须随时防备不要被打，必须将自己武装起来保护自己，它的精神无法放松，导致性格越来越敏感，它就将学会用咬来攻击、来驱逐你对它的暴力行为，习惯用咬来对人先下手为强。

这便是一条长期被主人暴力对待的狗的心路历程。

面对这样的狗，我大多会选择让狗脱离原环境接受矫正训练，我不会在那个令狗感到很大压力的环境里进行训练。压力来源可能有两个，一个是家里生活的环境，另一个是对它施暴的人。

我会让狗离开压力源，通过训练，重新建立对主人的感情，并改变狗对原家庭生活环境的恶性连接。还有一个主要重点，我会好好教育狗主人，该如何正确饲养管理这条狗。

假设一家有4个人，家庭成员有爸爸、妈妈、儿子、女儿，除了爸爸会打狗之外，其余的家人与狗的关系都相当融洽，而狗也只咬爸爸。

当狗脱离原环境来到犬舍受训时，通常我会运用心理战术，也就是当狗更换环境来到人生地不熟的地方时，会开始想念它的家人，而我会刻意让狗的这份情绪发酵约两周的时间，也就是说，这两周内完全不让主人们过来探视。

两周过后，我才会请主人们来犬舍探视狗。以这家人为例，只有爸爸会打狗，狗也只会咬爸爸，那么就安排爸爸前来探视，其余家人都躲起来偷偷探视，不能被狗发现。

当爸爸前来探视狗的时候，狗见到久违的家人，通常会显得非常高兴。但是事情没有那么简单，因为狗狗高兴只是当下的情绪，实际上，在狗的记忆深处，仍然保存着爸爸会打它的记忆。

这个时候，爸爸也许会伸出手想要摸狗，而狗从前所有的悲惨记忆会因此全部回想起来。于是，在爸爸伸出手来的同时，狗可能就会跳起来咬爸爸。

因此，我会要求爸爸在前几次探视见面时，不要伸手接触狗，也不要与狗互动，反过来只让狗主动去接触爸爸。接着，再见面时，我会安排爸爸牵着狗去散步。然后，再下一次见面时，可以观察到，狗对爸爸的好印象已经越来越强烈。我会安排爸爸进入犬舍，亲自把狗从笼内放出来，牵着狗去散步。也让爸爸亲自喂狗一些零食，并且在狗仍处于情绪高涨、兴奋的时候，果断地结束爸爸与狗的会面。我们会把狗牵回训犬师的手中，由训犬师带狗回笼，目的在于给狗制造意犹未尽的感受，让狗更加期待爸爸的再次出现。

如此进行了一段时间的心理战之后，当我确定狗对爸爸的感情已经重新建立起来了，我便会请其余的家人跟爸爸一起出现在狗的面前。这时，我会在一旁观察狗对所有家人的情绪反应是否一致，如果都没有问题，那么就会进行移交训练。

这段时间，我们训练狗提高服从性、提高稳定性，通过移交训练，将我们对狗的训练成果，转移到主人一家人身上，重新建立起狗对全部家人的服从性。如此一来，狗就不会再讨厌爸爸，也就不会再咬爸爸了。

幼犬在口腔期所发展的假性攻击行为

所谓幼犬的口腔期，意指幼犬在断奶后、正在长乳牙或是正在掉乳牙长恒牙的时期。这个时候的幼犬很喜欢四处乱咬乱啃，家具、鞋子、笼子，甚至于人的手或脚，都会是啃咬的对象。啃咬物品可能是因为要长牙、换牙的缘故。那么，幼犬时期的咬手咬脚算是攻击行为吗？

很多狗主人在来电咨询时这样描述："我的狗狗现在4月龄大，很喜欢咬我的手，并且一边咬一边发出一种低吼声。"

通常我都会紧抓住这机会，告诉这些狗主人们一个观念，幼犬现阶段的咬手，其实并不算是真正的攻击行为。这对幼犬而言，只是一种游戏，一种模仿攻击狩猎的游戏，因为此时的幼犬，它的情绪并不是异常的激动或是异常敏感，它只是因为天性，本能发展出狩猎的性格，把你的手当成了假想敌。

那么，该不该允许口腔期的幼犬咬你的手呢？我认为，应该让口腔期的幼犬咬你的手。幼犬的口腔期必须实际用人手来练习，唯独人手才会有痛觉的判断。

口腔期的幼犬咬你手时，尽管它将你当作是假想敌，但是它仍然清楚地知道，你并不是真正的敌人。因此，我赞成允许这个时期的幼犬，借助咬你手的动作，来学习咬劲的力度控制，让它懂得该用什么样的力度与你互动、游戏。

至于具体的学习方法和步骤，我建议如下：

请先将双手清洗干净并消毒，避免将细菌、病毒传染给抵抗力弱的幼犬。然后主动伸手，邀请幼犬让它咬。在此过程中，一旦幼犬把你咬痛了，请你立刻终止，转过身来背对着它，然后离开现场。这时，你必须态度坚定地拒绝，并马上离开，不可嬉闹玩笑，如果混淆了幼犬对这个动作的理解，它可能会继续追上来咬你。

重复几次这个流程，每一次都用主动终止指令来教育幼犬，它会从中学到，如果使用的力度与方式不对，使你感到痛甚至受伤了，游戏就会终止，动作就会被禁止。

当幼犬慢慢长大成熟后，它的咬劲控制已经根深蒂固地存进大脑记忆库里，日后，你若有需要帮它打开全口检查牙齿或是需要塞口服药等动它嘴巴的时候，它就知道要控制好力度，不弄痛你或让你受伤。再次提醒，幼犬口腔期练习的过程中有受伤的可能，请狗主人自行斟酌决定练习方式。

汉克这样说

不要用你自以为对的方式去教育狗，尤其是采用暴力打骂的方式，这会让狗的性格变得更加敏感。

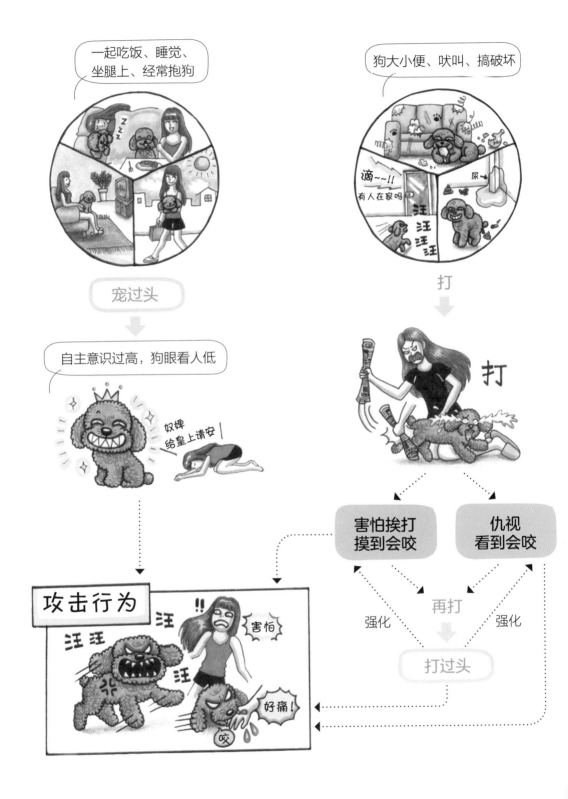

狗绝育后就不会咬人了吗

"汉克老师，我养了一条一岁半的柴犬。它在家里很紧张，无法安心自在地入睡。一有风吹草动便马上警戒，而且它会咬主人，是无预警性地咬，都是咬着不放、必见血的那种。绝育后情况依然没有改善，想请教您有什么解决方案?"这是一封来自于陌生犬友的求助信。

我时常见到在成年犬咬人的相关文章里，有人留言说"给狗做绝育手术后就不会咬人了"的谬论。我也曾经遇到过主人带着狗来找我，跟我说他的宠物医生说，狗只要绝育就不会再咬人了，但是他的狗在绝育后却变得更凶，尤其是当宠物医生为这条狗看病时，狗全身都处在一种极度防备的情绪中。

绝育手术与宠物医生有关系，但狗的攻击行为则与宠物医生没有绝对关系!

还有一点要先让大家了解，即任其性格自然发展的狗，不论是对人或是对狗的攻击，通常公犬的比例远高于母犬。

这样来说好了，睾酮是雄性激素之一，公犬主要是通过睾丸细胞生产睾酮，睾酮对公犬而言是很重要的激素，因为它们会产生公犬的特征，让身体和思维都变得雄性化。因此，若幼犬时期便给狗做绝育手术，那么其天生性格未被成熟的睾酮影响，狗将来成年后的性格会趋向于稳定发展，不会那么逞凶好斗。

但是，若等到了成年犬时期才给狗做绝育手术，其天生性格已经被成熟的睾酮影响，性格已经定型了。因此，通过绝育让一条具有攻击性的成年犬不再攻击咬人或是咬狗，是一种不合理的说法。也就是说，具有攻击性的成年犬，必须通过正规训练来矫正，这才是正确的对症下药的方式。

攻击行为：咬陌生人

有一种情况是，爱犬不准任何访客踏进家门一步，或者访客进门后只能一动不动地坐着，访客一旦站起身，狗就会开始戒备并准备攻击，但是狗在室外时，却对所有的人都非常友善。

通常在室内才具有攻击性的狗，绝大多数都是因为地盘意识引起的攻击行为。只要确实进行笼内训练，将狗的地盘缩减至笼内，这个攻击行为自然而然就能解决了。

牵着爱犬出门散步，凡是从它身边经过的陌生人，它都会以疯狂吠叫回报，然后冲上前攻击。有时候它甚至不吠叫，突发地、冷不防地突袭陌生人。或者，狗的性格异常敏感，除了不准任何陌生人接近或触摸之外，对于特定装扮人士或是特定年龄的人具有攻击性，例如戴帽子的人、拿拐杖的人、拿雨伞的人、跑步的人、老年人、小孩子等，或是特别针对宠物医生、宠物美容师具有攻击性。

狗所有的攻击行为，除了与本身的品种有关之外，其实大多数仍然与后天人为的教育脱不了干系。我所倡导的狗教育，并非只针对某种单一情况特别去进行，而是在日常生活里不经意发生的事情，都属于我教育里的一环。

狗会攻击拿拐杖、拿雨伞的陌生人，可能是因为狗曾经在路上被人拿拐杖、拿雨伞驱逐，或是暴力对待过；狗会咬宠物医生，最常见的原因是，宠物医生要为狗打预防针。首先，狗会被抱起来放在诊疗台上，诊疗台的高度先让狗感到害怕；当针扎入肉里时，痛感也出现了，因此，狗对宠物医生产生不好的印象连接。

正如同狗会咬主人一样，狗会咬陌生人，一定也存在某种诱因。

若训犬师可以了解诱因，就能针对某人或事物做脱敏训练。例如，狗被陌生人拿拐杖、拿雨伞暴力对待过，我们在进行脱敏训练时，便会手持拐杖、雨伞来进行教学，也会安排狗认识的其他人手持拐杖、雨伞来来回回地在狗身边走动，并同时请这些人给狗奖励，重新让狗建立新的连接，建立一个拿拐杖、拿雨伞的人会给它奖励的新连接，进而让狗不去排斥拿拐杖、拿雨伞的人。

若训犬师不知道诱因是什么，就要观察狗针对的对象有什么特点，例如狗专咬身材魁梧并且穿着深色衣服的男性。我们进行服从训练，在行进间，训练狗的专注力只放在训犬师身上，完全无视周围环境里的人。此时，如果恰巧有符合特点的人经过，我们会安抚狗，要求狗坐下，让狗静静地、安稳地注视着那个人离开。

虽然理论如此，但是训犬师通常不会只单纯进行单一的训练。我们会同步进行服从训练和脱敏训练，除了让狗坐下，看着拿拐杖、拿雨伞的人离开之外，同时还将训练做一个变化，特意让狗特别喜欢上身材魁梧且穿着深色衣服的男性，这样也是可行的。

建立狗与宠物医生、宠物美容师之间的良好连接

还有一种情况，就是狗害怕见宠物医生，或是专咬宠物医生、宠物美容师这件事。如果你养的是幼犬，请在遛狗散步的同时，多带狗去宠物医院和宠物美容院走走，让狗认识、熟悉宠物医生和宠物美容师，增进狗对特殊环境与特殊人物的社会化能力。可以直接向宠物医生和宠物美容师说明来意，我想大家基本上都很乐意帮忙。

为什么要这样做呢？

大部分幼犬的性格都如同一张白纸，你给它什么样的环境与教育，它就会发展成为什么样的性格。我们看到有些人养的狗，到了宠物医院会紧张到全身发抖，甚至张牙舞爪，怎么都不肯让宠物医生触碰它的身体；相反地，我们也看到宠物医生自己养的狗，每天生活在宠物医院里，却完全处于情绪放松的状态。这就是我想要说的，狗建立起来的对于特殊环境的连接。

如果你的狗每次上宠物医院不外乎打针抽血、让宠物医生东摸西摸触诊，甚至还要被压制着拍X光片，或是做B超，在狗的心理层面上，犹如建立

起一种异常连接，就是去宠物医院、看到宠物医生都没有好事发生，久而久之，狗越来越恐惧上宠物医院。

我们可以刻意在散步时将宠物医院作为固定的必经之点，请宠物医生模拟触诊动作摸摸狗，让狗在诊疗台上站几分钟，我们可以准备一些零食让宠物医生喂狗吃。长期下来，狗就习惯了宠物医院里的环境，也习惯了宠物医生的触摸，在将来狗真正需要诊疗时，这些能够帮助狗降低对宠物医生看诊的紧张与防备。

如果你的狗已经错失了对特殊环境、特殊人物的社会化练习，或是你所饲养的狗本身的性格就容易攻击陌生人，那么在日常生活中，一定要让狗习惯戴嘴套。戴嘴套的目的是为了保护宠物医生与宠物美容师，让他们可以顺利地为狗看诊与美容。千万不要小看建立习惯的动作，总不能让狗病到奄奄一息、无力攻击宠物医生时，才带去宠物医院治疗吧；总不能每次要美容、洗澡、剪脚指甲时，都要先请宠物医生麻醉，再带去给宠物美容师处理吧。

狗接受过严格的服从训练后，除了本身的服从性提高了，稳定性也会提高，同时狗的敏感度也会降低，对于过去让狗感到害怕或是讨厌的宠物医生、宠物美容师，也就不会那么害怕或是厌恶了。

汉克这样说

不要等到狗生病受伤了才去找宠物医生看。应该时常带狗去找住家附近的宠物医生串门子，让狗习惯宠物医生的触摸（触诊），并且自行准备狗爱吃的零食，请宠物医生代为喂食奖励狗，让狗对宠物医生产生信任与好感。当狗真的有病痛时，对宠物医生的看诊动作就不会过分反感和排斥。

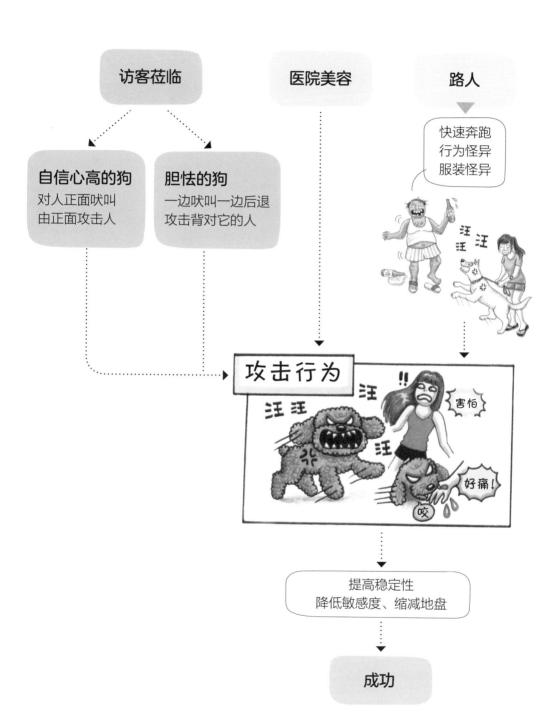

案例三　莫名攻击路人的杜宾犬

它是一条流浪杜宾犬，身形高大，步伐灵敏，救援它的人是一对宠物美容师夫妇。

收养后，主人发现牵它出门散步时，它会莫名其妙地去攻击从它身边经过的陌生路人，且完全没有任何警示动作，是以迅雷不及掩耳的速度直接扑上前攻击咬人。

我建议狗主人把杜宾犬带到我的犬舍来，让我每日亲训。若是上门教学，那么我本身对它来讲也是陌生的路人，代表我也极容易被它攻击，更别谈要去训练矫正它的异常行为；即使我硬着头皮穿上防护衣进行训练矫正，若它咬伤了周围的路人，也是我所不愿意见到的。

在开始训练这条杜宾犬前，我首先需要与它建立起深厚的感情。每天喂它吃饭、跟它聊天，不管它是否能听懂我在说什么，总之就是把自己当作傻瓜似的不断去找它聊天，静待时机成熟。我想过，一开始的训练不能在室外开放空间进行。我选择在犬舍室内，在放狗场里进行前期训练，那是一个相对安全封闭的训练环境。

有很多训犬师在教狗时，整个过程都会选择在安全封闭的环境里进行，也许是四周有围篱的草坪，或者是都市大楼里的教室内。不难理解，在这种环境里狗不容易被外界环境刺激和影响，狗可以很专心地跟着训犬师上课。

但大家是否想过，当狗受训完毕后，主人带狗离开训练环境、回到日常生活环境后会如何。除非狗经过以年为单位的训练周期，否则仅靠一般以月甚至以周为单位的训练周期，狗重新踏入原有的生活环境后，用不了很长时间，通常会慢慢又被打回原形。

我的想法是，训练必须与实际生活相结合。因此，在安全封闭的环境里教好教稳这条杜宾犬后，我便开始换地训练。每天都带它出门，专往人多的地方走动，目的是要让它习惯进入人群。

在让杜宾犬进入人群的同时，除了维持一直进行的笼内训练之外，我还改变它的大小便习惯。原来它在放狗场里是随意随地大小便，现在我开始牵着它去室外大小便，每天带出门数次。当它自笼内出来时，会拥有好心情，我就是利用这个好心情搭配训练，于无形中引导它出门后对外界环境产生好的连接。

在双管齐下的训练后，杜宾犬习惯了人群，也变得喜欢出门，我成功矫正了它无预警攻击咬陌生人的异常行为。它甚至成了宠物美容师夫妇的店狗兼亲善大使，专门接待上门消费的顾客。

护食攻击行为

对于一个动物来说，对维持生命而言最重要的东西就是食物。

对于一个肉食性野生动物来说，当食物取得不易或是长期缺乏时，它自然而然将养成抢夺食物的攻击行为。

但是，人类养的狗，为什么会在食物充足的状况下，产生抢夺食物和护食攻击行为呢？

狗出生后，为了填饱肚子，出于先天本能反应会去抢夺母亲的奶水，这种抢夺行为是正常的本能。

狗断奶之后，我们开始给狗吃各式各样的食物，不论是市面上琳琅满目的狗粮，或是狗主人细心制作的鲜食，我们都希望让狗吃得健康又营养。

但是重点来了，并不是每一款狗粮的成分都符合每一条狗的身体需求；即使是主人亲手制作的鲜食，也不见得完全符合狗的需求。当长期摄取的养分不足，或是长期缺乏动物性蛋白质，狗的大脑里会时常发出饥饿的信号。这个时候，狗会特别重视你所给的食物，它会吃得很快很急，不允许任何人接近正在进食的它，甚至在它已经将碗内的食物吃完之后，也不允许你将空碗收走。

是的，抢食是狗正常的行为，但若因抢食而产生攻击，那么就是一个有问题的行为了。

通常，护食攻击行为的对象有两种，一是对人产生护食攻击，二是对其他的狗产生护食攻击。

我们先来谈谈狗对人产生的护食攻击行为。

除了因为长期吃不饱而产生的攻击行为之外，还有几点是我们必须了解的。一是狗对人不信任，二是人与狗之间的主从关系不正确，三是狗对进食的环境没有足够的安全感。

若是3～4月龄的幼犬对人产生护食攻击行为，九成原因是长期吃不饱形成的隐性饥饿。所谓"吃不饱"不完全是指食物的分量多寡，而是长期缺乏动物性蛋白质，这是产生隐性饥饿的主因。这个时候只需要更换优质的狗粮，或是添加足够的肉类食材，一段时间之后，自然就不会护食攻击了。

若成年犬对人产生护食攻击行为，我们一定要先检讨过去几年来的饮食内容物以及饮食的分量，也许你的狗已经在饥饿的状态下生活好几年了。但需要注意的是，成年犬与幼犬因为吃不饱而产生的护食攻击行为有不同之处，成年犬的主观意识已经发展成熟，所以成年犬的护食攻击行为已经成了习惯性的条件反射。

若成年犬只在进食时会护食攻击人，其他时间都很正常，那么我们只需营造出一个能够让狗安心进食的环境。除了进行笼内训练，让狗可以安心在笼内进食之外，也可以选择一个固定的角落让狗进食。在狗进食的时候，我们要做到完全不打扰狗，时间一久，狗就知道它可以安心进食，自然而然，就不会再出现护食攻击行为。

若是成年犬在进食时会护食攻击人，人也无法徒手给狗喂食零食吃，甚至连已经吃完了的空碗都不让你收走，这就代表狗对于护食攻击行为产生了习惯性条件反射。发生这种情况，已经不是靠书本就可以指导的，请联系正规的训犬师来协助矫正狗的护食攻击行为。

接下来，我们谈谈狗对其他的狗产生的护食攻击行为。

狗是能够群体生活的动物，在群体生活中会出现一个领袖。然而在领袖不明确时，哪条狗优先进食，那条狗就会认为自己是领袖，但是另一条狗却不认同，所以它们就会在进食时打架互咬。

这个时候我们可以人为介入，替它们确定领袖狗，或者它们全部都不是领袖，只有主人自己才是领袖。

不过人为介入有相当程度的难度，就如同我们要让自己在狗群里成为领袖也具有相当程度的难度一样，所以这个部分，我建议由正规训犬师来处理。

说真的，狗群若在进食时会彼此护食攻击、打架互咬，我们能做的、最简单且最基本的就是分区喂食，根据进食速度、进食习惯与体型大小，划分出各自独立的进食区域，让它们能够安心地将自己的食物吃完。

汉克这样说

请学会忽略正在进食的狗。

案例四　会强抢人类小孩手中食物的哈士奇

在我的教学生涯里，曾经出现过一个案子，我们送养出去的一条哈士奇，会去抢夺领养人8岁孩子手中的食物；甚至当领养人带它出门时，见到路过的小孩手中拿着食物，也会冲上去抢过来吃。

第一次接到领养人反馈这样的情况，是哈士奇被领养回去不到2个月的时候。当时哈士奇只会抢领养人8岁孩子手中的食物，因此，我判定是人犬关系不正确。毕竟人类的身高对狗确定其与人的关系存在着某种程度上的关联，而那条哈士奇的体型与那8岁孩子差不多。

但是当我再次接到领养人反馈，告诉我哈士奇还会抢食公园里小孩子手中的食物时，我明白事情应该不是我想的那么单纯。我询问领养人，给哈士奇吃的主食是什么？果然不出我所料，领养人给哈士奇吃的是大卖场里贩售的廉价狗粮，是一种营养成分很差的廉价狗粮，对原始型犬种的哈士奇来说，这种狗粮所提供的动物性蛋白质是远远不够的。尤其这条哈士奇的体型较大，体重约有32千克（混合了阿拉斯加玛拉穆的基因），这样的体质对于动物性蛋白质的需求量更高。

由此可知，这条哈士奇在送养出去前，在犬舍的喂食管理下得到充足的养分，因而不曾出现过抢人类小孩食物的行为。但是在被领养人带回家没几个月，就出现抢食行为，追究原因就是日积月累吃不饱，但又不敢抢成年人手中的食物，所以只好欺负较年幼的小孩。

很遗憾的是，虽然领养人已经知道问题出在饲养方式上，但他们不愿意再继续养这条哈士奇。因此，我再次将哈士奇接回犬舍继续临时寄养，同样喂食高营养的优质狗粮，并在固定时间带它出门散步，它就再也没发生那样的抢食行为了。

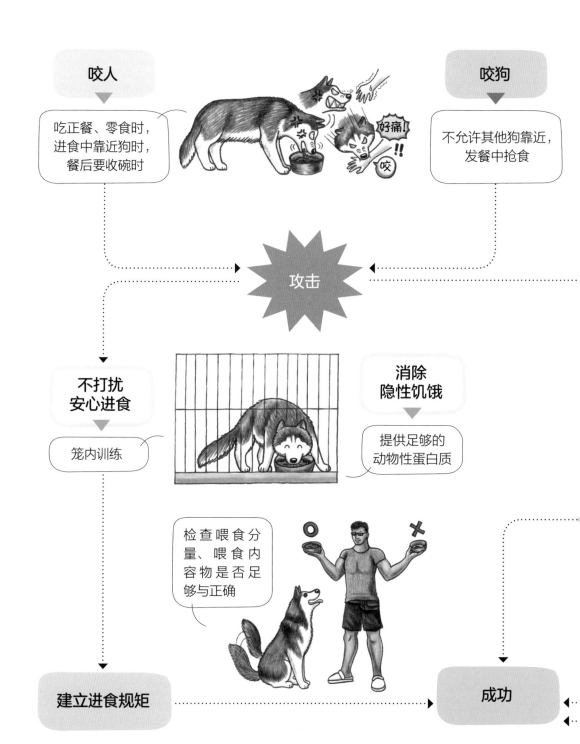

咬人

吃正餐、零食时，进食中靠近狗时，餐后要收碗时

咬狗

不允许其他狗靠近，发餐中抢食

攻击

不打扰安心进食

笼内训练

消除隐性饥饿

提供足够的动物性蛋白质

检查喂食分量、喂食内容物是否足够与正确

建立进食规矩

成功

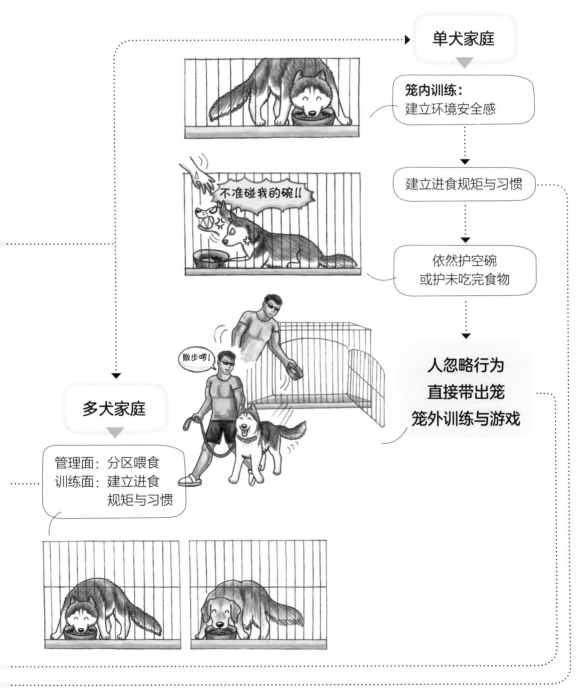

占有攻击行为

狗对人类产生护食攻击行为，主要的原因在于狗对进食的空间或环境没有安全感，或者狗长期处于饥饿的状态。这样的护食攻击行为，通常都会在狗进食完毕后解除警报。

但是另外还有一种情况，就是狗自己不吃饭，却也不让你将饭碗收走，甚至于当狗自己离开了饭碗，但你要去收饭碗的时候，它立刻怒气冲冲的冲回来攻击你。

还有一种常见情况是，狗获得了难得的鸡腿、牛排甚至大骨头（备注：我不建议给狗啃猪骨头，若真的需要让狗啃骨头磨牙，我建议选择半熟牛膝骨。只要经过氽烫杀菌，半熟的骨头比较有弹性、更耐咬，并且比全熟的骨头安全多了），狗爱死了这些难得的食物，进食时会显得异常兴奋。鸡腿与牛排还好，只要吃下肚子里就没事了，但是大骨头是需要啃很久的食物，即使自己啃不完丢在一旁，往往也不愿意让你将大骨头收走。

上述情况中的饭碗、大骨头有可能换成是玩具、球、布娃娃，甚至是脱下来的衣服、内衣或袜子。狗的这种具有强占有欲望的行为，我称为"占有攻击行为"。形成占有攻击行为的原因很简单，那就是狗不常见到这样的食物或是物品，而它又特别喜欢这样的食物或是物品。

狗的占有攻击行为与狗对人的服从性有关，因此，可以通过服从训练来矫正。一旦狗对你的服从性足够，你叫狗将含在嘴里的食物吐出来，它就会吐出来；即便是狗压在身体下的物品，你也可以直接伸手拿出来。

服从训练是一系列很复杂的技术，需要至少以月为单位、长时间训练，无法简单通过文字描述指导大家如何进行。不过，我仍然可以在此指导大家另一种训练方式。

我认为高明的训犬师应该教狗于无形之中。下面，我以网球与装着食物的碗为例，大家可以自行更换为令自己的狗产生占有攻击行为的物品。并请记得，所有的训练在成功后都有可能在一段时间后被淡忘，必须要将训练融入日常生活中。

动态占有攻击行为

动态的占有攻击行为比较容易处理，因为狗的占有欲是在开心、开放的情绪下形成的。具体例子是，给狗一个网球，它会开心得不得了，一直玩一直玩，从早到晚都跟这个网球形影不离。即使网球脏了或破了，也不愿意让你取走，你若硬要取走这个球，狗就会攻击咬你。

矫正的方式很简单，请准备10个、20个甚至30个一模一样的球。先给狗一个球让它玩，你在一旁不断地喊它过来，然后连续给它第二个、第三个……直到用完手中的球。落在地上的球，也可以捡起来重复使用。

让狗看着你从地上捡球的动作，并让狗不断得到你给的球，反复一段时间后，将掉在地上的球一个一个慢慢收起来，同时重复同样动作，直到剩下最后两个球为止。

这时呼唤狗过来。它可能嘴里正叼着一个球，也可能会把球丢掉后空着嘴过来，这时候，请再给他第二个球，并且收起第一个球。

最后的重要步骤在这里，经过反复拥有大量球的体验之后，狗已了解不需要对球表现出高强度的占有欲，剩下最后一个球时，你可以选择收起，也可以选择留给狗。

静态占有攻击行为

静态占有攻击行为的矫正比较有难度，因为狗的占有情绪是处于封闭且紧绷的状态。以喂食这件事为例，狗将碗里的食物吃完后却怎么也不让你把碗取走。它表现出相当珍惜这个碗，可能会把碗叼进自己的笼子里、睡窝里，或者藏在桌子下面、床底下，然后就一动也不动的守护着这个碗，并且不许任何人靠近，你若想要把碗取走，它就会攻击咬你。

矫正这种静态占有攻击行为的具体方式如下：请准备10个、20个，甚至多到30个一模一样的碗。除了不收走第一个碗外，继续给它第二个、第三个……直到第三十个碗，一直不断地给，让狗明白你会不断地给它碗，让它越来越习惯你去收碗、拿碗的动作，这需要每天反复练习，并且需要坚持连续好几天。练习超过一周之后，在给狗第三十个碗时，请同时顺势取走其中一个碗。

一样每天反复练习，以周为单位进行两个动作，一是渐渐将给碗的总数减少，二是渐渐增加取走的碗的总数，让狗在不知不觉中不再这么在意碗被拿走这件事。

到最后只剩下两个碗的阶段，当你给狗第二个碗时，请同时取走第一个碗。请注意，在训练的最后阶段，绝对不能留下碗，必须要让碗从狗的视线里彻底消失。不要让狗的情绪再陷入自我封闭的世界里，务必要让狗恢复到正常情绪。这是矫正静态占有攻击行为与动态占有攻击行为之间，唯一不同的地方。

汉克这样说

别再相信网络上的、道听途说的、没有根据的犬只训练与矫正方法，你的狗不是实验室里的小白鼠。

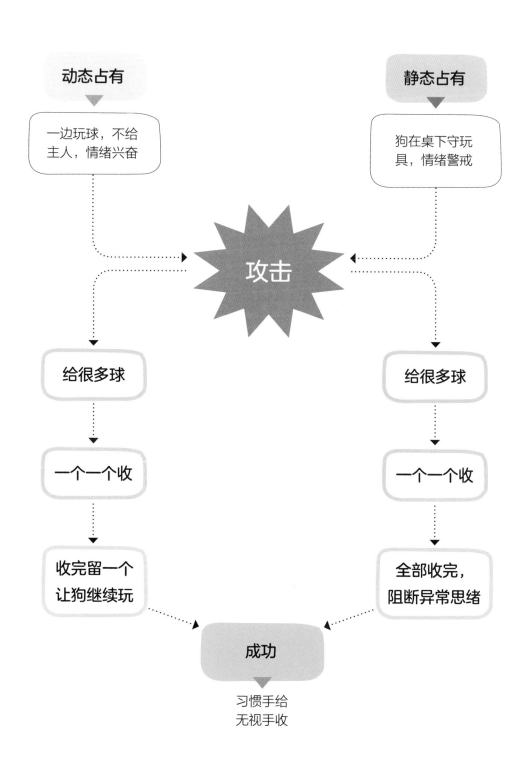

案例五　　贵宾犬不让家中的男主人上床睡觉

贵宾犬相当聪明，却也有着独特的性格。我的教学生涯里有这么一段故事。

一对夫妻结婚多年，他们养了一条4岁的迷你贵宾犬。令他们感到很困扰的事情是，每当女主人上床睡觉时，贵宾犬便随即跳上床。若男主人想要上床睡觉，贵宾犬便对着他吠叫和攻击，阻止男主人上床睡觉。女主人在浴室时，贵宾犬会坐在浴室门口守卫，不允许男主人经过浴室，也不准家中其他成员经过，谁经过就对谁吠叫和攻击。

两位主人最初按照电视里犬只训练节目中类似案例的训练方法来矫正，但却见不到任何成效。

这对我来说是一个很容易处理的行为问题，不需要让贵宾犬脱离原环境送到犬舍来受训，而是我直接上门教学。

当我到达时，我先告诉两位狗主人一个重要观念，电视节目在一开始会有说明字幕："未经专业咨询，请勿自行模拟实施训练。"因为狗的训练，绝不单是靠模仿就能成功的。

表面上看起来，这条贵宾犬好像是在保护女主人，但我却不这样认为。理由很简单，只要离开家到了户外，贵宾犬的行为便非常正常，跟一般的狗没什么两样。就算女主人在身边，男主人既能摸也能抱狗，狗也不会对男主人吠叫和攻击。

这其实是典型的人犬关系不正确，加上地盘意识发展而成的特定对象攻击行为。

你可能会以为，是贵宾犬与男主人之间的关系不正确导致贵宾犬保护女主人而攻击男主人。事实上完全相反，是贵宾犬与女主人之间的关系不正确。

　　家中是贵宾犬的私人地域，在它的地盘里，女主人是它的"所有物"。为了保护自己的所有物，贵宾犬不准家中任何人接近，其中当然包括了男主人。

　　我是这样处理的，我先在户外环境中修正贵宾犬与女主人之间的关系，并让贵宾犬理解男女主人都是它的领导人。接着，我再进入家中这个室内环境，打破贵宾犬的地盘意识，重新建立新的人犬正确关系，顺利矫正了贵宾犬护女主人、攻击咬男主人的异常行为。

驱逐攻击行为

狗会产生地盘意识是与生俱来的本能。我们可以看看路边的流浪狗群，当有一条外来狗进入了狗群的地盘时，狗群的领袖就会率众对其进行攻击追咬，直到外来狗被咬死或是离开了狗群的地盘，才会停止。

倘若被攻击的对象是人类呢?

通常，流浪狗群都会主动远离、回避人类，但如果你不小心进入了流浪狗群的地盘，而狗群却又毫不回避、直逼向你而来，该怎么办?若狗群没有直接阻断你的路线，请你放慢脚步，可以选择继续往前走，也可以面对着狗群缓慢后退着离开。若狗群将你包围了，你可以作势弯腰假装捡拾石头，待狗群的包围圈松开时，请你动作缓慢地后退着离开，千万不要跑，否则很容易激起狗群的追咬行为。

除了流浪狗群会有地盘意识之外，一般的家犬也会产生地盘意识。地盘意识强一点的狗会攻击咬人，地盘意识弱的狗则会大声吠叫。

家犬的地盘意识是在守护自己的地盘，对共同生活在同一个地盘的家人，不会产生任何形式的驱逐行为。这"家人"的定义是由狗自己去定义的，比如你的父母长辈等亲戚来访时，由于未曾住在一起，狗仍然会将他们定义为外人。

又或者是夫妻二人养狗多年，狗每天都在家里自由活动。当妻子怀孕生产后，家里多了个婴儿，对地盘意识强的狗而言，这个婴儿也属于外人，狗有可能会主动攻击咬婴儿。直到它认识了婴儿，确认婴儿不具有威胁性后，才会渐渐降低防备心。

让地盘意识强的狗过度自由并不是好事。它每天在家自由活动，当屋子外头有声响时，狗就会开始吠叫，声响离家越近，狗的吠叫声会越来越大、越来越急促。当有外人来访时（这"外人"也是由狗自己去定义的），狗会冲上前对外人大声吠叫。主人也许会阻止狗的吠叫行为，但是却不是根本的解决办法。外人在家无法随意走动，也许他只是从座椅上站起身来，狗就会冲上前去咬他！

　　家犬的地盘是可以缩小的！只需要进行笼内训练即可（参考第65页笼内训练）。笼内训练时应将笼子安排在屋子的最深处，注意通风和温度适宜，不要让笼子面对着大门。每次放狗出笼活动时都要限制时间，或是直接带出门去散步去运动，回到家后就直接关进笼，又或是当狗出笼后在家中室内想要趴下休息时，就直接将狗再关回笼子里。目的是要缩小狗的地盘，并且将地盘范围缩小到笼子里头。

汉克这样说

许多狗主人都喜欢看着狗自由自在地活动，但是我们必须要知道，狗只有在毫无任何行为问题时，才能享有随心所欲的自由权。

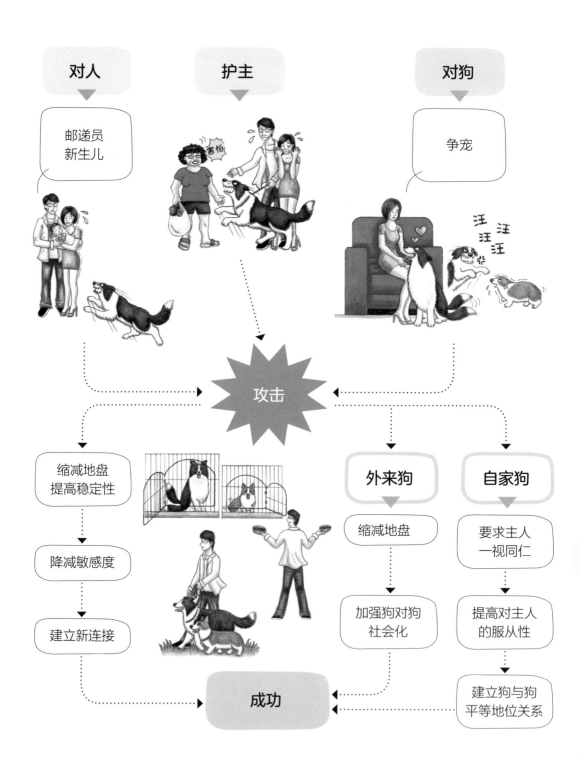

案例六　　会冲上前咬乐器的西高地白梗

有一个令我印象深刻的案例，是一只西高地白梗。狗主人告诉我他有4位室友，全部都是音乐爱好者，家中有吉他、小提琴、长笛、萨克斯和钢琴等乐器。只要有人将乐器拿出来，狗就会冲上前去咬乐器；若乐器发出声响，狗就会一边大声吠叫一边猛力攻击乐器。

狗这样的行为是在表示它要驱逐这些令它感到不舒服的乐器。

我初步判断，这个行为问题不需要让狗脱离原环境到犬舍来受训，直接安排上门教学即可。

我先在室外环境中训练狗的服从性和稳定性，接着我请狗主人将乐器拿出来。他当时拿出一把吉他，刚把吉他防尘套取掉，狗立即蠢蠢欲动想要攻击吉他。但由于我要求狗待在我的脚边不能乱动，因此顺利地控制住狗对吉他的攻击行为。

狗能够接受我的控制只是训练的初期目标，想要完全矫正这个问题行为，必须由狗的内心着手。我选择的训练方式，是让狗对吉他和吉他声音无感的脱敏训练，这与大部分训犬师采用的声响连接训练方式有所不同。

我要求狗将注意力放在我身上，我会不断变换行进方向和速度，并请狗主人跟在我身旁同时弹奏吉他。很快，狗便将注意力完全放在我身上，并且十分期待我所给予的奖励和称赞，完全没有再去理会一直都存在着的吉他声。

接着，我们进入室内课程，请室友们将每一样乐器都拿出来演奏，一时之间各式乐器声响大作，而狗完全无视这些乐器的出现和声响，狗的眼里完全只有我的存在。

最后，我进行笼内训练和移交训练。笼内训练是让狗能够安心、静心地在笼内独处，移交训练是让狗能够服从主人的要求，也让狗的眼里只有主人。上门教学的当天，我就顺利矫正了狗的行为问题。

挑食行为：是挑食还是厌食

狗不吃饭的原因大致上可以分为两种，一是挑食，二是厌食。

先来谈谈挑食。

目前，大多数狗的主食是以狗粮为主，所以本文以喂食狗粮加以矫正的方式来进行探讨。

首先，我同意，矫正挑食最有效的方法是饿肚子，但是饿肚子是有技巧的，不是单纯让狗饿肚子而已。

曾经有一条3岁的狗到犬舍来矫正挑食行为。原来狗主人让它餐餐吃盒饭和麦当劳，从幼犬时开始一直吃到3岁，直到遇见我为止。

训练一开始，我限制它只能吃高养分的进口狗粮。头3天它都不吃，第4天吃了一小口，接着连续3天不吃，第8天时吃了80克，接着又连续5天不吃，第14天时，它把250克狗粮全部吃光，第15天后就不再挑食了，不论我喂多少狗粮，他都会全部吃光光。

另外一条我曾经教过的两岁哈士奇，也是娇滴滴的。以往吃饭时，主人是跪下来求它吃几口，但它还不一定会吃！这条哈士奇送到我这里来受训时，它只吃十几粒狗粮，之后就可以3天不吃饭，一个月下来，狗粮居然吃不到1千克。我依然坚持"不吃就收的原则"，一个月后，它开始吃了，之后，不论我喂多少，它都会全部吃光。

还有一条古灵精怪的狗，只有3个月大就学会了挑食。吃狗粮时，只挑拌在里面的肉或是罐头食品吃。到犬舍后，我一样只单纯喂高养分的进口狗粮，并且坚持"不吃就收"的原则，受训第三天它便不再挑食，同样，不论我喂多少狗粮，它都会全部吃完。顺带一提，每次喂饭时它都会兴奋地一直吠叫。

但当它受训毕业回家后，第一餐它就不吃了。这是它在测试主人的底线，之后也仍是爱吃不吃。听狗主人说，它还会怂恿另一条同住的狗也不要吃。奇妙的是，每次这条狗来到我的犬舍住宿时，都会乖乖吃。为什么在自己家都不吃？它真的会叫另一条狗一起不吃吗？

问题的根源还是狗主人本身。当狗不吃时，主人并未坚守"不吃就收"的原则，他因为心软喂了零食。于是，这两条狗就开始拿架子了，它们知道在进食这件事上，自己已经掌握了主导权。

矫正挑食期间只能喂食颗粒狗粮，一定要选择高营养价值的，分量由多至少，喂食时间由长至短，同时搭配适度运动和活动，并且妥善建立狗与你之间的正确关系，让狗了解你的决心。待每次喂食狗都会很期待并且将碗里的狗粮都吃光时，再将狗粮的分量由少至多地补回来。其间还必须留意狗的饮水量，注意狗的血糖高低（可按压牙龈观察回血速度）与精神状态。如果需要，可以在狗喝的水里添加葡萄糖，避免产生低血糖癫痫与休克，如此就能有效又安全的矫正挑食行为。请特别注意，身体不健康的狗，或是年纪很大的老年狗，不适合用"不吃就收"这个方法。

再来谈谈厌食。厌食与挑食最大不同之处，在于狗的精神状况和身体状况。

挑食的狗，身体健康且精神饱满，单纯就是对常吃的食物不感兴趣；厌食的狗，在非开饭时间，其精神是萎靡的，身体是不健康的。我们必须经过宠物医生的检查和诊断，了解厌食背后所隐藏的各种原因。慢性消化性溃疡、慢性肝炎、慢性胰腺炎甚至长期消化不良，都会导致狗产生厌食。

汉克这样说

矫正挑食期间，除了正餐之外，不再给任何食物。务必要让狗了解你的决心。

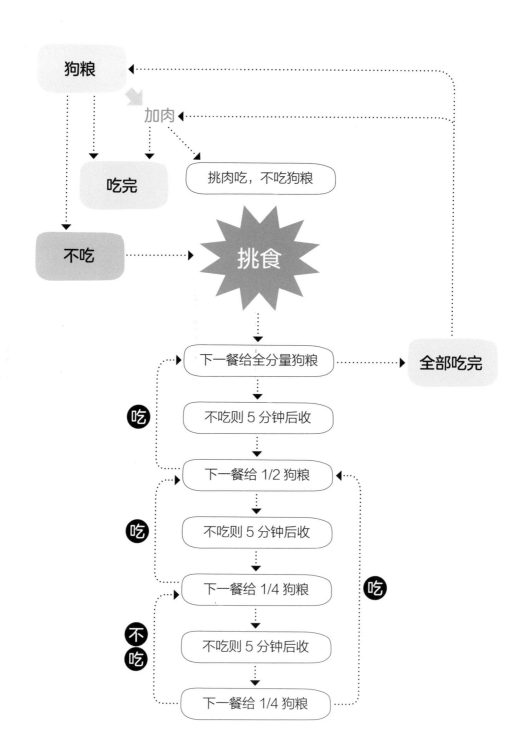

案例七　　换环境后不愿意吃饭的狗

狗不愿意吃饭的常见原因除了挑食之外，因换环境而不吃饭的情况也很常见。

所谓的换环境，指的是狗去宠物店住宿、去训练学校受训、狗主人带着狗搬家，也就是说，让狗离开了它原来熟悉的环境，而进入了另一个新环境。

一般来讲，狗在换居住环境后，通常都需要1~2周的时间才会适应新环境。

这与挑食和厌食无关，而是因为狗自己内心不安定，甚至无法接受陌生训犬师给的食物。不过，性格积极阳光的狗，不论去哪里都能开怀大吃，不论是谁喂都觉得好吃！

一条体重80千克的藏獒与一条体重只有2千克的贵宾犬，积蓄的能量与基础代谢率是完全不同的。在换环境之后，80千克重的藏獒3天不吃饭只喝水，与2千克重的贵宾犬3天不吃饭只喝水，其危险程度完全不同。藏獒的身体可以撑得住能量的消耗，而贵宾犬的身体则容易亮起红灯，甚至于产生低血糖休克、癫痫与死亡！

此时，饲养管理人员就要密切关注狗的状态，必须根据狗的体形大小、肌肉量多寡和平日的饮食习惯，做出恰当处理。

我的犬舍经常接收各式各样的问题狗前来住宿受训，这些狗的性格绝对都属于敏感性格（正常性格的狗应该这辈子都不会踏入训犬学校）。性格敏感的它们，从各自熟悉的居住环境来到犬舍时，会因本身的性格而更难以融入和适应新环境。性格越敏感的狗，换环境所带来的精神紧张感会越强烈。绝大部分的狗刚来到犬舍这个新环境时，都会感到精神紧张而不愿意吃饭（没有食欲），严重时甚至连水都不愿意喝。

一位优秀的训犬师，面对新来的狗因为不适应环境而无法正常进食或是吃饭等情况，仍然能够细心观察狗的情绪与精神状况，并且陪伴狗，引导并协助狗尽快度过不适应期，而不是完全放任狗自行去消化不安的情绪。

我们会请狗主人将狗的狗粮或是鲜食和零食一起带过来，按照狗原来的饮食习惯去喂食。例如原来在家吃鲜食的，我们就弄鲜食给它吃；原来在家吃狗粮拌罐头食品的，我们就弄狗粮拌罐头食品给它吃。尽量提供狗原来习惯吃的食物，或是提供狗原来喜爱吃的零食，这样狗的进食欲望会稍微提高一些。

那些3天不吃饭但是会喝水的狗，这里我指的是连一口饭都没有吃的情况，我们会在狗的饮用水里添加白糖或是葡萄糖，最起码可以避免狗出现低血糖的症状。若狗连水都不愿意喝，那么我们就会用空针筒来灌食糖水，或是将狗粮等食物打成泥、打成汁来灌食。若因狗会攻击咬人没有办法灌食，那么我们就会煮鸡肉、牛肉、鱼肉等新鲜肉类食材给狗吃。若狗还是不愿意，那么我们会将这些肉类食材放在狗的面前（笼内）一整天，通常狗都会趁我们不在它身边的时候，偷偷把这些肉吃完。

随着时间变长，这些狗会渐渐熟悉我们，熟悉犬舍的环境，也熟悉我们的饲养管理模式与犬舍的生活作息。这个适应期大约需要两周的时间，狗自己会消化这些不良的紧迫情绪反应。

等狗每一餐饭都会吃光时，我们就开始增加喂食分量、改变狗的进食习惯，换成犬舍提供的狗粮与鲜食。确认狗的排便都正常后，就代表其心理与生理都完全适应新环境了。这个时候，就可以着手进行长时间的异常行为训练矫正。

吠叫行为

不同品种之间先天的性格差异，会让有些狗比较容易出现吠叫行为，例如德国狼犬与墨西哥吉娃娃。狼犬的品种特点是高智商、高服从性和高稳定性；吉娃娃的品种特点是容易兴奋、容易接收外界环境的刺激和较低的服从性。以我家附近宫庙燃放鞭炮的声音来举例，当这两条狗同时听到了鞭炮声，狼犬的情绪不容易受到干扰，但是相对地，吉娃娃的情绪却很容易受到鞭炮声刺激，进而产生吠叫行为。

每一条狗的性格都能够通过训练予以稳定，例如军犬在枪林弹雨的环境里仍然可以保持优秀的攻击作业能力，不会因为近距离的枪炮声而导致紧张失控；导盲犬在车水马龙的都市里仍然可以拥有从容不迫的作业能力，不会因为车辆制造出的声响而导致紧张失控。对于爱吠叫的狗，理论上，我们也是可以通过训练来让狗的情绪稳定、不胡乱吠叫。我之所以会用"理论上"这个词语是因为吠叫声就是狗的语言，狗是有智力的动物，当然它们也是会讲话的。

我要说的是，狗的每一个吠叫声都是它在说话，都是有含义的。在这些吠叫声的背后一定都有原因，狗狗吠叫也许是因为狗在欢迎你回家，或是在警告外来者的入侵，甚至是要出门散步让狗感到很开心，这些都会让狗产生吠叫行为。

我曾经问过我的学徒们一个问题："你们知道资深训犬师与新手训犬师之间最大的差异在哪里吗?"

当狗吠叫的时候，资深训犬师能够从狗的吠叫声里判断出狗表达的意思，或是能够从狗的吠叫声里判断出狗的需求是什么。但是新手训犬师遇到狗吠叫时，却无法做出任何判断，他会认为这就只是单纯吠叫而已。

举个例子来说，完成笼内训练的狗，是不会在它自己的笼内大小便的。但是假设某一天狗拉肚子，它想要方便了，但是不愿意在自己的笼内方便，所以它就会在笼内吠叫。这个吠叫声通常是短且急促的，资深训犬师听到就会知道狗在说它肚子不舒服想要上厕所，会赶快放狗出笼；但是新手训犬师听到吠叫声，可能只会叫狗闭嘴而已。

狗有些吠叫行为是不受人欢迎的，当狗遭遇到特殊情况时，很容易连续性地大声吠叫。例如分离焦虑症的吠叫、要攻击咬人时伴随的吠叫、地盘意识强的狗对外来入侵者的驱逐吠叫等。

通过训练可以提高狗的稳定性，让狗不容易受到外来的刺激，这样可以让狗不容易吠叫。对特殊情况所产生的连续性大声吠叫，则必须对症下药，对这些特殊情况作出相应的训练矫正，才可以让狗彻底忽略这些特殊状况。当这些特殊情况不再对狗造成刺激时，它自然就不会吠叫了。

汉克这样说

没有一条狗会胡乱的吠叫，每一次吠叫都是有原因的。

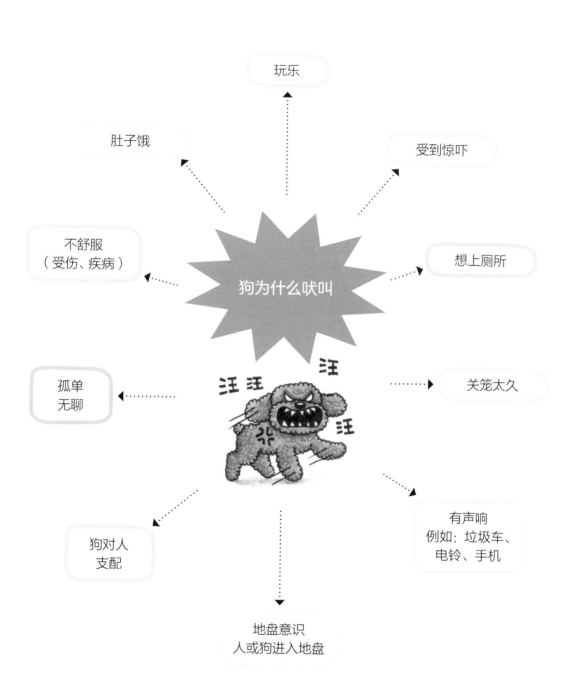

玩乐

肚子饿

受到惊吓

不舒服
（受伤、疾病）

狗为什么吠叫

想上厕所

孤单
无聊

关笼太久

狗对人
支配

有声响
例如：垃圾车、
电铃、手机

地盘意识
人或狗进入地盘

案例八　　对手机铃声敏感并吠叫的狗

我曾经接到过一个咨询电话，对方告诉我，每次他的手机铃声响时，他的狗不论正在进食、游戏还是无所事事，都会大声吠叫，直到他将电话接起来，狗才会渐渐安静下来。

大部分的训犬师，遇到具有这种行为问题的狗，会采用的矫正方式是进行声响的连接训练，也就是发出声响的同时给食物，让狗在声响与食物之间产生连接，并且把注意力转移到食物上。慢慢地，狗对声响的敏感度自然就会降低了。要成功建立连接，必须多次反复不断地进行训练，也就是机械式反复练习，时间久了、次数多了便可成功。

不过，在这次电话咨询里，我请对方更换手机铃声，改选柔和的铃声，并放回平常放置手机的位置。5分钟后，我再打电话给他。第一个和第二个电话都请他不要接，只需要在一旁持续喂狗吃零食，当我拨打第三个电话时，请他态度从容地走过去拿起手机接电话，而狗完全没有想要吠叫的念头和动作。就这样，这个对手机铃声吠叫的行为问题，我只花了几分钟便成功矫正了。

案例九　坐宠物推车出门的马尔济斯会对马路上的狗大声吠叫

　　如今越来越多的小型犬主人将自己的宝贝狗当孩子般照顾，每天帮狗穿上不同花色样式的衣服，就连出门散步都不让狗下地走路而是让宝贝狗坐进宠物推车，不论去哪儿都很方便，也不会弄脏宝贝狗的被毛或是衣服。

　　有一天，我接到一个咨询电话，来电的即是上面所说的这种狗主人，无所不用其极地呵护着宝贝狗。但是令主人感到很困扰的是，每次狗坐在宠物推车内外出，都会对着马路上其他的狗大声吠叫，而且，是情绪很激动地大声吠叫。

　　我接到这样的咨询电话，通常都会马上问狗主人一个问题："请问这个时候，若把宝贝抱起来放在地上，狗还会对着其他的狗情绪激动地大声叫吗?"绝大多数狗主人的回答都是，这样做之后便不会再对其他的狗吠叫了。

　　前面我曾经说过，高度对有些狗来说代表着特别的含义，尤其是地位观念很重的狗，不适合经常坐宠物推车。首先，宠物推车是它自己的专有地盘，再者，在推车内居高临下看着其他狗，高度将它的地位感拉高了，所以坐在宠物推车内的狗会对着其他的狗情绪激动地吠叫个不停。

　　这样的异常行为，不需要接受矫正训练，只要改变一下，出门时让狗下地走路，平常也尽量别将狗抱着走路。自然而然，这个问题行为慢慢就不会再出现了。

　　如果狗下地后仍然会对其他的狗大声吠叫，那么我会建议安排服从训练里的脚侧随行。你走快狗就走快，你走慢狗就走慢，训练到整个行进的过程中狗都不会被外界环境影响的程度，自然而然，狗也会改掉这个问题行为了。

专栏

因身体不适引发的异常行为

如果狗的异常行为出现得很突然，如昨天还好好的，但是今天就怪怪的，那么我们就必须先考虑是否是身体不适引起的。狗身体不舒服或疼痛时的反应可能很细微，狗主人平日要多留意狗正常时的情况，例如呼吸换气深浅与次数、是否会急喘或是喘息声变小、是否采取腹部呼吸、进食欲望的高低、眼鼻口是否有不明分泌物等。当狗的身体不舒服时，便能观察到狗与平常正常时不同的反应，尽早发现、尽早采取应对措施。

狗身体不适的时候，我们会发现狗吃饭、喝水、睡觉的习惯改变了，通常狗会睡得更多，因为狗想通过休息来修复身体。大多数的狗其食欲会减退，喝水量也会明显不同。

有些狗会突然变得更爱吠叫，这个时候的吠叫声大都为细细呜咽、断断续续的声音。狗在疼痛时会避免移动身体，因此会更多地用吠叫来表达需求，有时还会伴随低吼或空咬，来保证自己的安全空间领域，避免受扰。

在饲养多犬的家庭里，身体不适的狗与其他狗的社交活动会大幅减少，且当其他的狗接近时，它会表现出低吼声、皱嘴皮、露齿的攻击征兆。狗的精神萎靡不爱动、也不让人摸，甚至在你接近时会攻击咬人。

或是与上述情况相反，狗变得比平常走动更多，来回走个不停，或者不断变换姿势，显得躁动不安。睡眠时间变短、持续不断地发抖或非常频繁地甩动身体，也是异常的信号。如果狗的走路姿势有异常，例如跛行、失去平衡感甚至于瘫软无力，可能是因为骨关节、肌肉疼痛，或是心血管疾病。

狗有外伤的时候，还有一点最常见的是，狗会不断地舔舐、啃咬自己同一个部位。当受伤或者身体不适时，狗的直觉是想要清洁伤口，并且通过这些动作来安抚舒缓不适。

当我们发现狗的身体不适或疼痛时，请先冷静下来继续观察，并适时地咨询自己信任的宠物医生，决定如何就诊就医。附表为一些简单的自行检测项目，供大家参考。

简单的自行检测项目

项目	正常值／范围	备注
体温（肛温）	38 ~ 39 ℃ 平均为 38.5 ℃	幼犬体温较成年犬略高，下午体温较清晨略高
心跳脉搏	成年犬 60 ~ 140 次／分 幼犬 60 ~ 200 次／分	狗放松的时候，用手测狗的心脏或股动脉部位
呼吸	平均 10 ~ 40 次／分	目测胸部起伏数
触摸	检查皮毛外观是否有伤口、黑点、肿块等	此时也是与狗宝贝亲密互动的好时光
排泄物	尿液呈淡黄色； 粪便以成形、深棕色为最理想	排便次数与进食餐数相同
睡眠（每日）	老年犬／幼犬 14 ~ 20 小时 成年犬 14 ~ 16 小时	

心理障碍

心理障碍的定义是指因心理、生理或环境影响，导致思维、情绪或行为模式出现异常、痛苦与功能失调。心理障碍是广义名词，它不见得都是单独存在的症状，有些会转化，变得更严重，例如焦虑症转化为恐惧症。严重时，甚至是几种问题同时并存，例如焦虑症与强迫症并存。

下面介绍几种比较常见的狗心理障碍。

焦虑症

焦虑症最常见到的引发原因，在于狗更换了居住环境或是被限制了活动。例如狗单独去宠物旅馆住宿；或者没关过笼的狗初次被关笼等。通常，狗都有能力在1～2周之内自行消化吸收这些不良的情绪。

在焦虑症的表征里，我们可以看到狗会出现的生理症状，大多是呼吸急促、不断发抖、因肠胃蠕动增快而拉肚子、即使很累了却还不停走动等；还可以看得出来，狗的情绪显得紧张不安、恐惧害怕，甚至会因此攻击咬人。

这也是我对来到犬舍受训的狗，开始的两周不会做特别训练的原因之一。这个时期的狗，内心充满了不安，尤其那些性格过度敏感的狗，将会在这个时期变本加厉。前两周，我会单纯正常饲养管理，并且与它培养感情，让它了解犬舍的生活作息，让它认识犬舍的每一位训犬师与学徒，让它知道固定的散步路线和放风时间。等它消化了自己的不安情绪后，我才会开始训练矫正课程，循序渐进地增加要求与指令，最后完成训练目标。

打雷　下雨　放炮

焦虑症

吠叫、心跳加速、
紧张、刨抓、躲藏

笼内训练　＋暴露不反应（减敏）

在笼内静待打雷、
下雨、炮声结束

笼外训练　＋暴露不反应（减敏）

成功

无任何反应

性格异常胆怯

我们对狗的性格印象大多为活泼好动，但并不是所有的狗都具有外向性格，某些敏感性格的狗，出门在外时很容易受到外界环境的干扰与刺激，而这些刺激都会引起它们莫名的恐慌与害怕。

性格异常胆怯的狗，不论是先天遗传或是后天环境所造成，训练矫正的黄金时间都在幼年，狗的年龄越小，越容易矫正成功。

大多数性格异常胆怯的狗，在自己居住的环境中并不会表现出异常情绪，它可以正常生活。只有出门在外时，才会表现出胆怯、害怕的情绪出来。

什么样的情况称为性格异常胆怯呢？

狗出门时会非常紧张，你可以感受到它是处于高度警戒状态，害怕人车声音，害怕霓虹灯、汽车大灯、警车警示灯等灯光，害怕从自己身后走过来的人。严重的时候，甚至落叶落下来触碰到它的身体，它都会吓得魂飞魄散、抖个不停。

上面举的例都是单一情况，实际上性格异常胆怯的狗，害怕的刺激源大多是多项累加，也就是说，狗可能会对声音、灯光、在身后走动的人和落叶等全部都感到非常介意与恐惧，一碰到这些，狗就会抓狂到失控，东躲西窜想要冲回家，或是找个地方躲起来。

在我的教学经验里，这属于较棘手的问题。前面说过，性格异常胆怯的狗越年幼越容易矫正成功，但是现实情况是，训犬师接到的这种性格的狗，多数都已经是成年犬了。而且可惜的是，成年犬在接受训练矫正后，只能使状态趋于稳定，很难完全恢复到如一般正常的狗那样自在从容地外出。

忧郁症

狗跟人一样都会有情绪上的问题，包括忧郁症。

有时候，我们会发现有些狗特别安静且经常愁眉苦脸，或是活动力不佳，或是不愿意跟其他的狗互动，总是独自安静地待在角落。

人类的忧郁症表现大多为无时无刻不感到忧伤或是空虚，严重时甚至有厌世自杀的念头。狗又如何呢？是否也会出现忧伤空虚甚至自杀的念头？

我曾经遇到过因癫痫反复发作痛苦难耐而自杀的狗，它在恢复意识后，会使尽全力奔跑，头朝向前方，用力撞墙使自己受伤，如此不断反复，直到被人用力制止，才会停下这种自杀的动作。

大多数的狗都是乐天派，若你发现狗突然闷闷不乐，有可能是因为它刚被宠物美容师剃光了全身毛；有可能是它生了病，一直困在疾病所带来的痛苦里或是疾病治疗中；有可能是全家人出游，将它放在宠物店留宿，让它产生了换环境造成的不适应感。此时，狗常表现出来的表征可能是异常安静、没有食欲、一直睡或不肯睡。

一般来说，对患有忧郁症的狗可以让它接受正向刺激来改善症状。例如：与狗玩互动游戏、带狗出门散步与运动、找一条性格活泼的狗与它互动，甚至找事情给患有忧郁症的狗做。我自己常玩的一个游戏是，把好吃的零食藏在一个狗专用的益智玩具里，让狗想办法把玩具内的零食找出来吃掉。

我们也可以通过训练来改善这种情况，如十分好用的脚侧随行训练，让狗将注意力放在你的身上、从自己的情绪里面转移出来。脚侧随行训练，可以在步伐和速度上做出一连串的变化，走、停、快、慢、转、走蛇行、走方形、上下楼梯等，当狗跟着做到时，随即给予称赞鼓励。一次次的鼓励会让狗越来越自信，也就会越努力地去完成你的要求，渐渐地，患有忧郁症的狗会开朗起来。

恐惧症

恐惧症是对特定的物体、活动或情景具有持续性的、不合理的恐惧。同时，很重要的一点是，它会导致狗出现躲避行为，例如雷雨恐惧症。

前文中，我曾经教过的那条流浪高山犬，体重约60千克，还是流浪狗时就会攻击咬人，喂它吃饭的志愿者花了好几个月的时间才能够触碰它的身体。志愿者亲眼见到过它冲出来吃饭时，一个打十个的情景。他会把周围聚集过来吃饭的狗全部咬跑赶走后，才开始进食。

志愿者通过犬友的介绍找到了我，希望我可以训练矫正它的攻击行为。

我评估之后发现，它的攻击行为并不是需要优先处理的问题，因为它有这几种行为表现：

一、下雨时，如果身体被雨水滴到，会犹如被雷打到一样恐惧紧张。

二、出门被飘下来的落叶碰到身体，也像是被雷打到一样恐惧紧张。

三、在黑暗的环境里将电灯打开时，狗会全身发抖，甚至想把自己庞大的身体挤进狭窄的墙角。然后，就这样不吃不喝不上厕所也不移动，最长时间为连续12个小时，严重的时候连续几天都是如此。

四、除了志愿者之外，没有人可以触摸它的身体，一摸它就攻击开咬，更别谈洗澡，或是生病需要看病、做检查。

五、被路上的消防车、救护车、警车警示灯照到，就全身紧绷发抖、到处乱窜。

六、占有欲望极高，会对人、狗护食、护玩具。

七、无法接受套、围、穿、戴等，例如套P字链、围领巾、穿衣服、戴项圈等动作。若是强迫硬来，它就会攻击开咬。

它的几项行为表征，全都显示出它属于恐惧症与强迫症并存的行为模式。它这样的性格被很多人判定为不可教化，甚至建议安乐死，或者建议将它一辈子拘禁在笼内，让它自然生病然后死亡。

但这真的是最好的方法吗？

　　的确，这条狗在我20年的教狗经历里，是数一数二的棘手难教。但是我不放弃，排除万难把它给教好了。同时通过志愿者积极地找领养人，领养人也完全配合与我进行了四十几堂的移交训练。如今，它与领养人已经相处4年的时间，志愿者、领养人和我这位训犬师，我们一起努力给了它全新的生命！

　　这条高山犬的行为状况属于恐惧症与强迫症同时并存。我在教它时采用的训练方法有个很重要的步骤，跳过或是省略这个步骤都不行。这个步骤就是"笼内训练"。

　　"笼内训练"的目的在于营造出让狗有安全感的环境，绝对不是将狗关进去监禁一整天，也不是将狗关进笼内一个星期才放出来一次。这样的做法只有反效果，无法营造出有安全感的环境，只会让原来的恐惧症与强迫症越来越恶化。

　　笼内训练与笼外的服从训练必须同时进行。为了成功地进行笼内训练，我必须每天带狗出笼，但是也不是漫无目的地让狗拉着人跑，或是单纯让狗自由活动。狗出笼时会很开心，这时狗的内心是开放状态，训犬师可利用这个心理状态，通过正确的服从训练方法，在狗出笼时给予适当的训练。如此，完整的笼内训练和笼外服从训练才能够互相呼应，使具有攻击性的狗降低其敏感度，收到行为矫正的效果。

强迫症

强迫症是一种精神疾病，若发生在人身上，常见的症状是不断地重复无意义的事情，例如不断地洗手、洗澡、擦地板、检查水龙头是否关紧，不断地将东西排放整齐等。这些行为光靠意志力难以控制，如果强迫压抑，反而会引起严重的焦虑症。

强迫症若发生在狗的身上，常见的症状是不断地绕圆圈走路、追逐自己的尾巴、舔舐身体某一个部位、追逐隐形的苍蝇等。

我们要知道，有些狗的强迫症只是一个小癖好，不会对它的精神状况和生活产生很大的影响。但是当这些原本正常的行为密集发生时，狗完全陷入那样的情绪里面拔不出来，那么就需要介入做治疗了。例如狗不断舔舐自己的脚，舔到皮开肉绽了仍然拼命舔，就表示心理影响了生理。回过头来看，其实生理也影响了心理。

医学研究指出，强迫症与脑部的血清素有关系。血清素是一种神经传导物质，主要是帮助大脑把一个区域的信号传递到另一个区域。当这种激素被重复吸收而导致不够时，狗就会出现无法停止、不断重复一个动作的问题，我们称为强迫症，而强迫症源自于狗的焦虑行为。

若从动物医学角度进行药物治疗，宠物医生会给狗吃抑制血清素重复吸收的药物。在狗服药之后，可以期待狗恢复正常的行为，但是在停药之后，其强迫症行为仍然容易复发。

我们需要给狗一连串的训练，因为这是生理与心理互相影响的情况。由于强迫症是很复杂的心理行为疾病，一般来说，我们首先着重于给狗规律正常的生活，满足狗的一切需要，包括它喜欢的食物、运动与陪伴，同时也必须要辅以笼内训练，让狗学习独处，同时让狗期待出笼的时刻。

也就是说，当狗患有严重的强迫症时，除了服用药物让精神安定之外，也建议同时辅以训练，双管齐下改善狗的强迫症。

我曾经教过一条金毛巡回犬，它的强迫症表现在情绪异常激动，口中一且咬到任何物品都不会放下，而且伴随着不停踏步、踱步。

我在进行训练的时候，每天规律地带它出门跑步运动，利用跑步来转移它陷入强迫症里的情绪。跑步结束后随即辅以服从训练，从有绳的基本服从训练，一直练到无绳的高级服从训练。利用服从训练让它的性格更加稳定，让它的思绪和专注力都放在我的身上，久而久之，这条金毛巡回犬的强迫症就被我给矫正，恢复了正常。

在这次矫正训练里，我有一个发现，服用药物治疗强迫症的狗停药后，强迫症原有的强度并未变得更严重，但是经训练矫正强迫症的狗回到主人家时，主人无法延续我的训练和管理方式，时间一长，强迫症仍然会复发，且复发后的强度，将比狗受训前的程度更加严重。

所以我再次将这条金毛巡回犬带回来进行第二次矫正。所幸，经过这次调整之后，金毛巡回犬再次恢复正常，主人对带回家后的训练也就不敢再掉以轻心了。

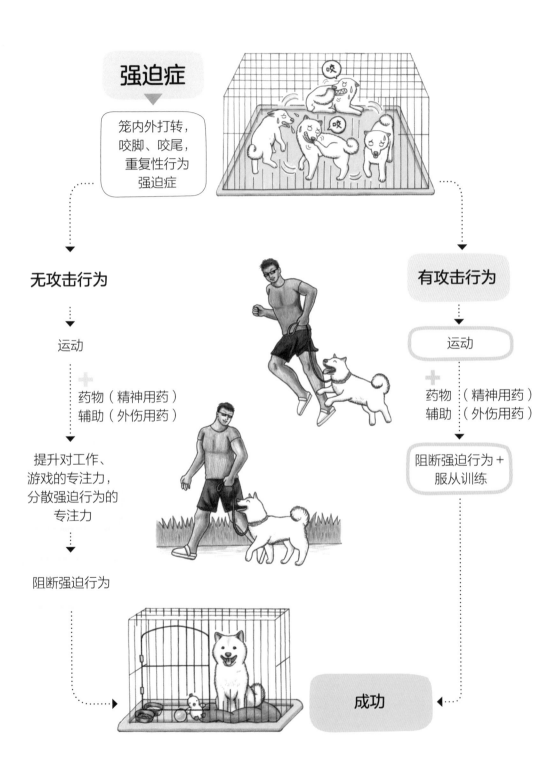

强迫症

笼内外打转，
咬脚、咬尾，
重复性行为
强迫症

无攻击行为

运动

＋

药物（精神用药）
辅助（外伤用药）

提升对工作、
游戏的专注力，
分散强迫行为的
专注力

阻断强迫行为

有攻击行为

运动

＋

药物（精神用药）
辅助（外伤用药）

阻断强迫行为＋
服从训练

成功

强迫症里的自残行为

除了前面提到的患有强迫症的狗不断舔舐自己的脚，舔到皮开肉绽了仍不罢休之外，在狗的身上还有一种常见的自残行为，就是追逐、啃咬自己的尾巴或是后腿。

强迫症是心理影响了生理，再由生理回过头去影响心理。患有强迫症且自残的狗，首先必须先妥善处理被啃咬的伤口。在伤口愈合康复的这段时间，狗仍然会不断地出现自残行为，这段时间只能给狗戴上防咬嘴套，静待伤口愈合之后，再进行训练矫正。

我教过一条柴犬，它被宠物医生判定为强迫症，它的行为表征是持续地自残，咬自己的后腿和尾巴。

我接手这条柴犬之后，在不使用药物治疗的状况下，采用了服从训练来稳定它的性格，让它的思绪和专注力放在我身上，而不是在它自己的身上。我发现它一不顺，压力增加时，就用自残来表达不满，而一旦开始自残，就会陷入强迫症的怪圈里，难以平复。

我把训练重点放在增加它的抗压性上，我给它高强度的训练，通过高要求、高强度的训练，利用"暴露及不反应法"让它出现强迫症和自残行为，然后再逐渐放宽要求，让它可以轻易达到我的要求，提升它的成就感与正向的情绪，这样做的同时，它的抗压性也逐渐在提高。

同时，我多做了一件事情，利用狗主人前来犬舍探望它、它的心情显得特别好时，让主人也同步进行训练，维持每周至少1~2次。这样的做法，让它更加期待主人的到来，再度提升它高兴的正面情绪，降低它陷入强迫症负面情绪里的概率。

我们和狗主人一起带着它散步，一起带着它进行移交训练，包括动态的服从训练，以及静态的、原地不动的服从训练，还有看宠物医生打针的脱敏减压训练，以及宠物美容清洁耳朵和剪脚指甲的脱敏减压训练。经过将近半年的漫长时间，才将这条柴犬的强迫症自残行为给矫正过来。

　　我也教过一条患有强迫症的贵宾犬，它的行为表征也是不断地自残，咬自己的后腿和尾巴，与上文中的柴犬完全相同。

　　但我很明显地感受到它有一点与柴犬不同，那就是柴犬的性格较为固执、不易被引导，而贵宾犬的性格较容易被引导进而矫正。也就是说，在相同的强迫症自残情况之下，通过行为训练进行矫正时，会因为狗本身的性格不同而有着不同的效果，由此可知，矫正训练所需的时间与狗本身的性格有关系。

　　备注："暴露及不反应法"在目前的人类医学应用里，是针对强迫性疾患特别有效且持久的治疗模式。最主要的出发点是让患者处于所害怕的情境中，并且反复不断地练习，并鼓励患者对抗那些因害怕或紧张而导致的强迫症行为。此治疗过程需花费很多时间，并且需有耐心及较强的动机，不论是患者本人还是治疗师都需要容忍患者带来的高度焦虑。

分离焦虑症

我们先了解什么是分离焦虑症。简单来说，就是指狗无法习惯没有人（狗）陪伴，或者是人陪伴狗的习惯改变了，因而出现焦虑的异常行为。这时候，狗会出现的异常行为大都是不断吠叫、破坏家具或是笼舍狗屋、情绪激动、大量流涎、不断舔舐身体某部位，严重时甚至会自残、伤害自己。其中，不断吠叫是最常见的表达内心焦虑的方式。

狗与主人的分离焦虑症

我常见的问题个案有：

❶ 主人开车载狗，当主人下车暂时离开时，狗大声吠叫，一直叫到主人回来才停止。

❷ 主人换正式衣服出门上班时狗不会吠叫，主人穿居家休闲服出门时狗便狂吠，直到主人回来才停止。

❸ 住在复式房，主人与狗位于不同的楼层时，狗会大声吠叫、刨抓地板，甚至破坏性地咬门板。

❹ 主人出门后，狗安安静静、不吵也不闹，却待在自己的窝里不断啃咬自己身体的某个部位。

❺ 主人与狗一起出门，一旦主人离开狗视线，它便狂吠。

一般来说，我接到狗主人来电咨询时，首先会判断狗的分离焦虑症的严重程度，然后再决定是在电话里免费教学，还是必须让狗脱离原环境离开主人，来犬舍接受训矫正。

如何简单判断分离焦虑症的压力程度呢？主要是以狗吠叫时间为依据。当主人出门时，狗是否连续大声吠叫，是否会在10分钟内停止，有无破坏物品或是自残行为。虽然吠叫的总时间较长，狗的吠叫声是否断断续续，吠叫的强弱度如何等，这些都能协助判断是否可以由主人自行训练矫正，或者需要训犬师协助。

此外，分离焦虑症除了有强度之分外，又有单一行为和复合行为之分。而病情加重的话，也可能在短时间内从单一行为转化为复合行为。

◆ 单一行为

　　例如：细细呜呜哀哀的低鸣声（低压力），转化增强为停不住的连续大声吠叫（高压力）。

◆ 复合行为

　　例如：细细呜呜哀哀的低鸣声（低压力）＋不断舔舐身体某部位（低压力）。

　　例如：连续不断地大声吠叫（高压力）＋情绪激动（高压力）＋大量流涎（高压力）。

　　分离焦虑症主要的成因，简而言之，就是狗让你给宠坏了，或是你并未正向、正确地饲养管理狗。

　　所谓"宠坏了"的意思，就是你总是抱着它，跟它腻在一起，生活中的吃喝拉撒睡都形影不离。你成为狗的全世界，使得狗离不开你，养成狗无法自己独处的性格。

　　"正向、正确的饲养管理狗"的意思，就是你曾经很重视狗，时常与狗互动，但是突然间你变了，不再用正向方式对待狗，不再做以前会与狗一起做的事情，更严重的是，狗可能长期被你孤立在家中。狗内心深处的压力，随着时间增长越来越沉重。每当狗终于盼到你出现，却眼巴巴地再看着你转头就走，不予理会，狗内心深处的压力爆表了，便开始用各种异常行为来博取你的注意。

　　狗产生分离焦虑症，绝对与人有着密切关联，人就是让狗产生分离焦虑症的主要导火线。

　　在进行分离焦虑症的训练矫正之前，需要进行前期训练，即笼内训练。因为大多数患分离焦虑症的狗，平常在家都没有习惯笼内生活，总是可以自由地跟着主人进出家中任何一个角落，甚至与主人平起平坐，吃饭时在一块儿，睡觉时也同床共眠。此时进行笼内训练，目的是要狗学习独立。独立，是训练矫正分离焦虑症的第一步。

同时，我也会要求狗主人配合两件事情：

一、请学会忽略你的狗，双方互动时保持一定的距离，尽可能不要让狗总是腻着你，跟着你团团转。

二、自己要出门时，不要跟狗说再见，尤其是又亲又抱地道别。回家后，也不要第一时间去找狗，避免狗对你的离开产生失落感，避免让狗越来越期待你回家。当失落感与期待感被过度放大的时候，分离焦虑症就产生了。

上述这些是前期训练，现在要进入训练的核心，即适用于分离焦虑症的脱敏训练。

❶ 假装要出门，动作务必正常自然。若你一出门，狗就开始吠叫，请完全忽略狗的吠叫，直到狗停止吠叫的那一刻，你再马上进入屋内。

❷ 你进入屋内后，若狗仍然安安静静，请你称赞奖励它。多做几次，狗就会对这种情景与结果产生连接：原来只要我安静下来，就可以见到主人，并且能得到主人称赞奖励。

❸ 如果你一进入屋内狗开始吠叫，请马上转身再度假装出门，重复第二步。你也可以选择留在屋内，但是请完全不要理会它的吠叫，就连瞄一眼都不瞄。等狗安静下来时，马上给予称赞奖励，即便只是狗停下来吞咽口水的几秒钟，你都要迅速抓住。

❹ 每天连续训练数十次，有空时，请花一整天进行数百次练习。在训练初期，狗会搞不懂你在干什么，只会以为你又要出门了。一开始狗会觉得奇怪，为什么你要反反复复地进出，但同时狗也会开始习惯你反反复复地进出，便不再那么在意你要出门，也开始不再那么在意等你回来了。

大家看明白了吗？经过连续、密集的训练后，狗会明白和理解你要它做什么了。

★重点提醒

笼内训练和狗主人心态的调整为前期训练，核心训练必须要密集并且反复不断地练习。

分离焦虑症，还有另外一种训练矫正方式——直接脱离原环境、脱离原主人，让狗离开所有熟悉的人和事物。狗面对新的环境与饲养人，可以重新建立新的生活作息和性格，务请把握约两周的黄金时间。

这个时期，需坚持两个原则：一是需有规律的室外运动，让狗宣泄充沛、旺盛的精神和体力；二是进行笼内训练，让狗可以安心舒服地待在自己的窝里，等待主人回来。

在这期间，需同时进行服从训练与吠叫训练，尤其是禁止口令的训练。不论在任何情况下，每当狗吠叫，主人马上下达禁止口令让狗停止吠叫。而此时的服从训练，可以提高狗本身的稳定性，重新建立狗与主人之间的正确关系。

以下几点也要请大家注意：

❶ 狗主人自己必须调整心态。如果是被宠坏的狗，在家时请不要整天抱着狗、摸着狗，甚至连睡觉都要睡在一起。如果是未坚持正确饲养管理的狗，请不要忽略你的狗，请务必恢复到最初你与狗良性互动的状态。

❷ 通过规律且合理的室外运动，宣泄狗充沛、旺盛的精力和体力。

❸ 进行吠叫训练时，让狗听从口令学习"吠叫"与"停止吠叫"，让狗的每一次吠叫都显得具有可控性。

❹ 多养一条狗来陪伴原来养的狗，这时候狗将不会依赖主人的存在与陪伴，狗与狗可以互相陪伴、一起玩耍。前面曾提到，人是让狗产生分离焦虑症的导火线，假使主人没有调整本身的饲养管理方式，即使多养一条狗，将有可能导致两条狗同时都产生分离焦虑症。

狗与狗之间的分离焦虑症

狗习惯了主人的陪伴，一旦主人离开，狗就会产生分离焦虑，不断吠叫甚至自残，这便是典型的狗对人产生了分离焦虑症。接下来要谈的是狗对狗的分离焦虑症。

处于哺乳期的母犬与幼犬，如果幼犬离开母犬身边，母犬会发疯似的，坐立难安，东跑西跑，想要将幼犬找回来；而幼犬则会不断啼哭，希望回到它熟悉的妈妈身边。这是每一条狗都会遇到的第一次分离焦虑，在小时候就会面临的情形。但随着幼犬长大，母犬的母性会渐渐减低，幼犬也会开始适应新的环境，并且将感情依赖转移到主人身上。

有些人会饲养两条以上的狗，平日都让它们俩互相陪伴，一起睡觉、一起游戏、一起出门。狗与狗之间，建立起一种比与主人更为紧密的关系时，我们可以留意到一个现象，当主人只带其中一条狗出门时，另一条狗就会开始坐立难安，这条坐立难安的狗，大多数都会采用吠叫的方式，来表达它的情绪。

狗与狗之间的分离焦虑，与狗与人之间的分离焦虑是完全相同的。想要预防狗与人的分离焦虑，不外乎就是让狗学习独处，同样的道理，要预防狗与狗的分离焦虑，仍然是要让狗学习独处。

我曾经接过一个案子，狗主人饲养了两条狗，两条狗平常离不开主人，也离不开彼此，只要主人一离开，那么，两条狗会同时大声吠叫，或是有一条狗离开，那么另外一条未离开的狗会大声吠叫。

我是怎么处理这两条狗之间的分离焦虑的呢？

我把两条狗分开饲养，一条住楼上，另外一条住楼下，平日的生活里见不到彼此。当然，我一律会先对它们分别进行笼内训练。

起初，它们一定非常不适应，不停大声吠叫。我则是完全忽略它们的吠叫，所谓完全的忽略是指连瞄一眼都不可以。它们的行动也各自分开进行，独自吃饭、独自睡觉，就连放风散步都分开，总之，就是让它们无法见到对方。

接着，我和另一位训犬师，分别对它们进行服从训练。完成服从训练的狗，它的稳定性也会相对地跟着提升，敏感度自然也会降低。

然后，我开始同时带它们出来，一起进行服从训练，让两条狗一起在人的身边进行脚侧随行，顺序是让一条狗在原地等待不动，另一条狗跟着人脚侧随行，两条狗轮流进行相同的训练步骤。

两条狗渐渐地开始习惯看着另一条狗离开。最后，我再将它们的笼内训练调整，安排一起住在同一个笼子里，放风、自由活动或是喂食时，会不固定地让其中一条狗先出笼放风或是先进食。

通过训练要求和日常生活管理，来淡化它们对彼此的依赖，让它们养成各自独立的性格。它们能够一起放风一起玩，也可以独立待在笼内，安心地看着另一位出笼离开。就这样，我成功矫正了这两条狗之间的分离焦虑。

分离焦虑症

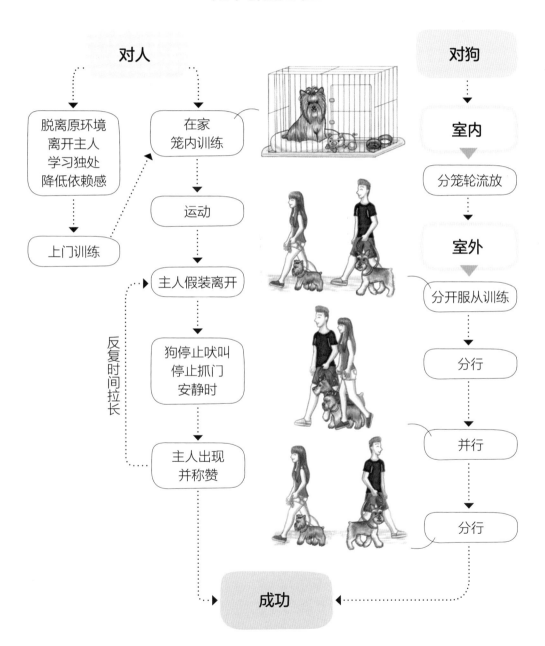

对人

脱离原环境
离开主人
学习独处
降低依赖感

↓

上门训练

在家
笼内训练

↓

运动

↓

主人假装离开

↓

狗停止吠叫
停止抓门
安静时

↓

主人出现
并称赞

反复时间拉长

对狗

↓

室内

↓

分笼轮流放

↓

室外

↓

分开服从训练

↓

分行

↓

并行

↓

分行

成功

雷雨恐惧症

狗的听觉能力十分优异，但是灵敏的听觉对狗来说并不意味着是件好事。我们听不见的，狗能听见，狗一听见就会狂吠。这就解释了为什么地震与自然灾害来临前，狗都会吠叫不已。若再加上某些狗的性格特别敏感，平日里的声音，如打雷、鞭炮等，对它来说是非常可怕的。

狗的耳朵可以接收到的声音源相当丰富。对于性格敏感的狗来说，打雷的声音源会来自四面八方，感觉就像是被声音包围起来。当狗无法理解真实情况的时候，就会表现出恐惧、害怕的情绪反应。伴随恐惧、害怕而来的行为表现，可能是尖叫、可能是呼吸急促，也可能是身体不断发抖，但大致上都会出现一个相同的行为，那就是，狗会找个地方躲起来。

躲起来的地方可能是床底下，可能是沙发底下，可能是衣柜里面，无处可躲时，狗便会疯狂地挖掘地板，试图挖出一个让它藏身的洞穴来。这源自于狗的穴居本能反应，当压力大于狗的承受力时，狗会想要找到一个让自己安全的环境，这个环境有一个共同点，那就是"有屋顶和墙壁"。不论是床底下、沙发底下，或是衣柜里面，都是被屋顶和墙壁包围的环境，这个环境不需要很大的空间，只要足够让狗藏身于内，就能让它产生安全感。

我们了解了狗的穴居本能，了解了有屋顶和墙壁包围的空间能够让它产生安全感，平常就可以帮狗创造一个让它有安全感的巢穴，那就是进行笼内训练。

笼内训练与关笼饲养、关笼惩罚是完全不同的。

当狗对笼内环境建立了安全感的认知时，一旦打雷了，或是有它害怕的大噪音时，它会自己走进笼内，静待声音消失。

现在有很多狗主人并未让狗接受笼内训练。狗主人面对患有雷雨恐惧症的狗时，大都会采取精神上的安抚和肢体上的拥抱，狗主人试图采用似是而非的行为，让狗不再那么害怕打雷。

当狗待在主人的身边，感受到主人的安抚和拥抱时，的确能够缓解害怕打雷所带来的压力，但是你不可能随时待在狗的身边，万一狗独自在家里时打雷了，狗只能被迫独立去面对这个压力。记住，你越是过度保护受到雷雨声惊吓的狗，狗就越难以去面对这样的环境，也更难以消化这些不良情绪。若压力瞬间来得过大，极可能造成狗因过度紧张而心跳过快，甚至导致休克、死亡。

除了利用笼内训练制造出具有安全感的巢穴之外，我们还可以进行对雷声的脱敏训练。

我们可以将雷声录下来，或是上网下载各式雷声音频，每天播放给狗听。每天持续地让狗听雷声，控制好音量，从小声开始播放，渐渐越来越大声，直到狗听到麻痹无感为止。

当狗渐渐对雷声不再感到那么害怕的时候，我们可以更近一步利用雷声给狗制造出新的连接。例如打雷时，会有平常吃不到的鸡腿出现，刻意让狗在雷声与鸡腿之间做出连接，那么，狗会转变成期待打雷的到来喔。

汉克这样说

每一条狗都跟人一样，有喜、怒、哀、乐的情绪表现，它是一个有智力的生命体。

狗的社会化不足

　　狗的社会化训练是相当重要的。社会化训练是一组系统性训练，远比你教狗坐下、趴下、握手等才艺表演重要多了。我在此所指的社会化可细分为三点，一是狗对狗的社会化，二是狗对人的社会化，三是狗对环境的社会化。

　　社会化充足的狗，在任何环境里都懂得如何与人相处，也懂得如何与狗互动，可以避免可能随之而来的行为问题。反之，社会化不足的狗，不懂得如何与狗游戏互动，容易跟狗打架互咬；或是不懂得如何与陌生人相处，一遇到陌生人就异常紧张，可能会主动攻击咬陌生人，亦可能会惊慌失措，跑去躲起来。

狗对狗

　　狗与狗的社会化训练，指的是狗与狗之间正常的游戏与互动，最佳的训练时期为幼犬时期，最理想的辅助训练对象为幼犬的母亲和同一胎的幼犬。

　　一般来讲，按性格发展来区分，幼犬是指6月龄内思想还很单纯的狗，6～12月龄的狗称为成长期犬，12月龄以上的狗称为成年犬。

　　狗与狗的社会化训练主要分为三类：一是幼犬的社会化训练，包括大型凶猛犬的幼犬和一般体型的幼犬；二是成年犬的社会化训练；三是对社会化不足的狗进行社会化训练。

幼犬的社会化训练（大型凶猛犬的幼犬）

　　一般来讲，幼犬断奶后即可开始进行居家生活训练，这里面包含了生活作息的养成、生活规矩的养成、大小便训练和笼内训练。

　　我们都知道，刚断奶的幼犬抵抗力差，需要连续打3个月疫苗后，才有足够的免疫力对抗外界环境的细菌和病毒，也才可以出门去跟其他的狗一起玩。但等疫苗全打完后，幼犬约为4个月龄，对于某些特定的大型凶猛犬种而言，已经开始发展对狗的攻击行为了！

因此，当你要饲养大型凶猛犬的幼犬时，建议不要太早将幼犬和母犬及兄弟姐妹分开，应该在4月龄之后，且所有的疫苗都注射完毕后再带回去饲养。多留一些时间让幼犬们一起玩、一起互动，若是玩过头，狗妈妈还会出手管教。也就是说，同胞兄弟姐妹的互动和母犬的管教，是最理想的大型凶猛犬种幼犬的狗与狗社会化训练。

幼犬的社会化训练（泛指一般的幼犬）

承上述，当幼犬的疫苗全部打完后（通常此时已满4月龄），我们开始可以放心地带幼犬出门。请记得一件事情，参与幼犬社会化辅助训练的狗伙伴必须是性格正常的狗。若被性格不正常的狗过度刺激，或是被性格不正常的狗攻击，那么对幼犬将会有很深的负面影响，轻则胆小敏感、容易紧张害怕，重则社会化训练失败，导致会攻击咬狗！

我们要帮自己的幼犬挑选合适的社会化辅助训练狗伙伴，必须要找自己认识的狗主人和狗，而不是一到公园就随意放开牵引绳。这个世界上有各种各样的人，我们无法知道站在我们对面的狗主人和他的狗是否是合格的社会化辅助训练搭档。

再者，就是循序渐进地帮幼犬挑选社会化辅助训练狗伙伴的体型和数量。通常我会建议先从一条同体型的辅助训练狗开始进行，然后再陆续增加数量，最后再拓宽辅助训练狗的体型范围，目的是让你的幼犬可以跟任何一条不同体型的狗正常互动。也许你可以考虑一下训练学校的资源，因为训练学校的狗数量很多，可以参与辅助训练的合格狗也很多，这是一个很好的资源。

成年犬的社会化训练

成年犬的思想与性格已经成熟，所以进行社会化训练的环境应以室外开放性环境且非领域区为主，应以不同性别的狗为主要的辅助训练狗。

同幼犬一样，参与社会化辅助训练的狗伙伴的体型相当重要。我们依然要先从同体型的狗开始（或是比受训狗略小的体型），然后再循序渐进地增加数量与拓宽体型范围。

我们可以选择让狗自己玩，在游戏打闹的过程中，它们自然会学习社交的能力。但请注意，如果你无法判断狗是在游戏还是在攻击互咬，请寻求正规训犬师的帮助。

我们也可以选择由我们自己带领狗一起玩，例如拔河游戏，让狗共同合作与你拔河；例如跑步运动，让狗跟着你一起出去跑步。人带领下的狗将各自的专注力放在同一个事物上，让狗在一起行动中潜移默化地学习社交能力。当你的狗可以顺利与每一条性格和善的狗一起游戏互动，不会出现胆怯害怕或是攻击行为时，就可以说是训练成功了。

对会攻击咬狗的狗进行社会化训练

这是一个难度较高的训练，与上述的状况完全不同。这种情况的狗并不能采用头痛医头、脚痛医脚的方式，因为本身已经是社会化不足的狗了。若只是紧张害怕那还不十分要紧，但若是会攻击咬狗的性格，很可能让参与社会化辅助训练的狗伙伴受伤，甚至改变辅助训练狗伙伴本身的性格，导致辅助训练狗伙伴不敢社交，甚至也开始攻击咬狗。

因此，若是要对会咬狗的狗进行社会化训练，建议寻求正规训犬师的帮助，训犬师除了能够提供矫正的方式之外，训练学校内也拥有足够的辅助训练狗的资源。

值得一提的是，我不会让攻击咬狗的狗直接与辅助训练狗伙伴接触，而是会先去训练这条狗的服从性。通过服从性的提升，稳定性自然也会跟着提升，敏感度也会相对地降低。

再者，我会通过规律的日常生活作息与笼内训练，来为社会化训练铺路。社会化不足的狗等到了出笼时间，它的心情是开心的，它的心是打开的，结合上述的服从性训练，在我成为领导人后，社会化不足的狗就会开始接受与其他的狗一起互动，而不再攻击咬狗了。

狗对人

在狗与人类互动和信任方面，流浪狗通常比家犬更不信任人类，因此狗与人的社会化训练主要区分为二项：一是流浪伤病犬与人的社会化训练，二是一般家犬与人的社会化训练。

流浪伤病犬的社会化训练

流浪狗在流浪期间可能曾被人类暴力对待，导致流浪狗见到人就躲得远远的。若再遇上动物保护人士在捕捉过程中采用了围捕、诱捕和追赶等手段，这些都会加强流浪狗对人类害怕的心理。当流浪狗带着伤病被捕捉到之后，往往都是直接送医治疗。若这条流浪狗本身的伤病程度不严重的话，势必会全力反抗。于是在反抗的过程中，又会让这条流浪狗对室内空间、诊疗台、口罩，甚至于对宠物医生本人、触诊、抽血等，在心理上产生不良的连接。

首先，我们必须有这个观念，在伤病治疗和行为矫正之间，要优先考虑伤病治疗，等狗的身体恢复健康后，才有足够的精神、体力来接受训练矫正。在伤病医疗的过程中，和捕捉流浪狗的过程一样，难免会发生令狗感受到不舒服的事情与动作，这是无法避免的情况。

在流浪狗医疗结束后，开始接受与人类共处的社会化训练时，我们首先要采取对狗冷淡的饲养管理方式。刚换环境的狗内心会产生紧张感，这都是因为不熟悉人、不适应环境所造成的。当我们采取冷淡的饲养管理方式时，随着时间增加，狗会自己消化不安紧迫的情绪，也会渐渐跟饲养人熟悉。

有些带伤病的流浪狗，只要身体恢复健康了，不用训练协助，自己就能适应新环境，习惯环境里的生活作息，也熟悉了饲养人，恢复到正常的性格，能够正常地与人类互动。若经过一段时间后，已经恢复健康的流浪狗仍然无法正常与人互动，那么我们要将冷淡饲养的时间拉长，切勿过度强迫流浪狗与人互动，以免引起反效果。

所谓"冷淡饲养",指的是一般的日常生活饲养管理,除了帮狗制造出一个可供躲藏、有安全感的巢穴之外(笼内训练),平日狗主人要跟狗共处在同一个空间,让狗随时或大部分时间都可以看到主人。每天正常喂食、正常带出门散步,散步的时间可以由短短的几分钟慢慢增加到几十分钟;散步的距离可以从家门附近开始,再慢慢地远离家门。除了喂食与散步之外,其余的时间都不要理会狗,这就是我所说的冷淡饲养。

一段时间之后,狗封闭的内心会渐渐打开。这时饲养人扮演着很重要的角色,我们需要通过饲养人来让狗开始学习熟悉、接受其他人。

一切都要从喂食与散步开始进行,让饲养人陪着第二个人对狗进行喂食与散步的动作。等狗开始熟悉并接受第二个人的触摸之后,我们再安排第三个人、第四个人出现,以此类推,进行狗对人的社会化训练。

一般家犬的社会化训练

与流浪狗在流浪时期曾被人类暴力对待、动物保护人士捕捉、伤病医疗等相比,一般家犬受到保护,不会遭受如流浪狗一般的对待,因此家犬对人的社会化不足大多指向陌生人的部分。

通常家犬都会对饲养自己的全家人熟悉,但出门在外时就会对马路上的陌生人吠叫,甚至于当陌生人从它身边经过时,也会突然对陌生人发动攻击!

简单地说,我们可以训练狗脚侧随行,让狗在出门散步时将注意力放在主人的身上,而非陌生人身上。我们可以训练狗原地等待,让狗安静地坐下,等待让它在意的陌生人离开。当然我们也可以针对狗在意的陌生人,特别为其进行脱敏训练(请参阅第100页"攻击行为:咬陌生人")。

狗对环境

这里说的"环境"指的是人类日常生活中的环境，这个环境里面包含了许许多多、各式各样的干扰与刺激，例如大声尖叫奔跑的儿童、呼啸疾驶的车辆、拄着拐杖或拿着雨伞的路人、慢跑的跑者等。

若狗自小到大都没有规律地出门散步，那么这条狗将很容易形成对环境的社会化不足。所出现的表征为容易受到干扰刺激，出现惊恐、紧张、闪避等情绪，严重一点的甚至会挣脱牵引绳跑掉。若在车水马龙的街上，便很容易被车撞伤，甚至导致他人为了闪避狗而发生意外。

换句话说，只要狗自小到大都有规律地出门散步，就不容易出现对环境社会化不足的情形。

不论是何种社会化训练，我们都要保持一个原则，各种的社会化训练，狗的年纪越小越容易成功，而社会化训练的关键，就是让狗暴露在该环境中。

汉克这样说

暴露在多狗的环境中，可以得到狗与狗社交互动的社会化训练；暴露在多人的环境中，则可以得到狗与人的社会化互动；暴露在开放空间外界环境中，则可以让狗习惯环境里的种种干扰与刺激。

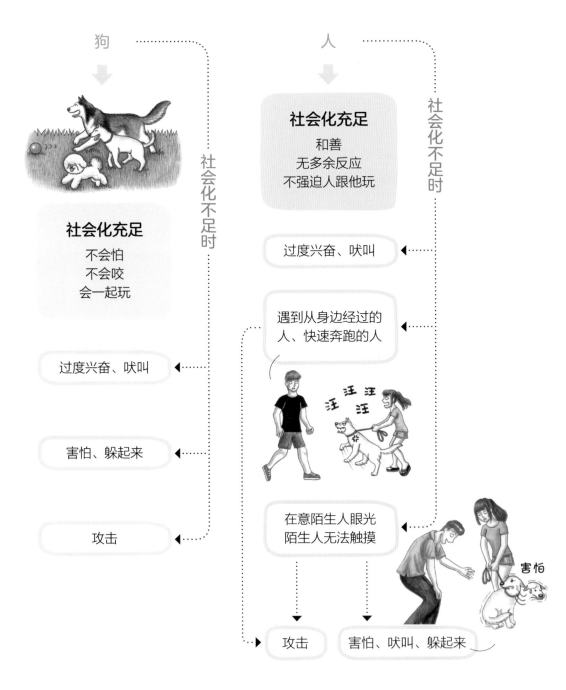

狗

人

社会化充足
和善
无多余反应
不强迫人跟他玩

社会化不足时

社会化不足时

社会化充足
不会怕
不会咬
会一起玩

过度兴奋、吠叫

遇到从身边经过的
人、快速奔跑的人

过度兴奋、吠叫

害怕、躲起来

在意陌生人眼光
陌生人无法触摸

攻击

攻击

害怕、吠叫、躲起来

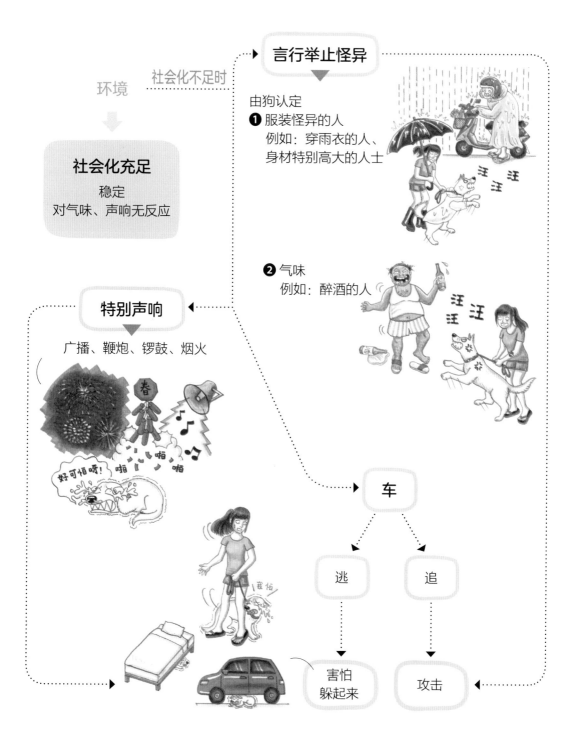

言行举止怪异

由狗认定
❶ 服装怪异的人
　　例如：穿雨衣的人、
　　身材特别高大的人士

❷ 气味
　　例如：醉酒的人

社会化不足时

环境

社会化充足
稳定
对气味、声响无反应

特别声响

广播、鞭炮、锣鼓、烟火

好可怕呀!

车

逃　　追

害怕
躲起来　　攻击

社会化不足

对狗 ⬇️　　　对人 ⬇️　　　对环境 ⬇️

矫正社会化不足

狗　　　　　　　人　　　　　　　环境

提高稳定性
建立良好连接
专项脱敏训练

社会化训练

对狗	对人	对环境

多跟狗接触

多让陌生人摸

多出门 多散步

选择和善的狗
稳定
不具侵略性
不具攻击性

选择会摸的人
平稳
注意手势

案例十　适应力不足导致临时寄养的狗个性敏感

前面说过，社会化不足有三个方面，即对人、对狗和对环境，有些狗的社会化不足只存在于某一方面，但是有些狗的社会化不足却是三个方面同时并存。

我认识一位救援流浪动物的志愿者，有一天，他救援了一条流浪狗（即将满1岁的幼犬），在经过医疗检验、确认疾病可以有效治疗之后，就将这条流浪狗带往私人家庭临时寄养，在那里等待领养人。

在临时寄养家庭待了3个月后，这条狗的性格却出现了一些变化：被救援前原本是活泼好动的性格，如今却开始出现了对陌生访客的地盘性驱逐吠叫行为。

临时寄养家庭的管理人很疼爱这条狗，每天让狗在偌大的家里满场跑，但是却很少带狗出门散步。

地盘意识是狗与生俱来的本能反应，通常是指狗经常性活动、进食和睡眠时的空间领域。凡外人、外狗踏入了这个领域，就会引起狗的驱逐、吠叫，甚至攻击行为。这个领域是令这条狗感到安全的领域，但是因为很少被临时管理人牵出门散步，导致狗一到领域之外的环境就特别没有安全感，进而出现了极度紧张的情绪（显示对环境的社会化不足）。

我们要知道，外界环境的刺激源有很多，例如车辆的声响、广播、爆竹声、街道上大量的行人，公园里有许多大声嬉戏、奔跑的儿童，还有马路边、街头巷尾不时会遇到的家犬与流浪狗。这一切都属于高刺激物，因此才让这条狗产生了极度紧张的情绪。若放任不管，这样的情绪将会转变成其他意想不到、各式各样的行为问题。以这条狗为例，它就出现了对陌生路人的吠叫行为，还害怕被陌生人触摸，就连待在室外环境都神情紧张，想要找地方躲藏起来；看到其他狗时却又会冲上前去狂吠，同时显示出对人、对环境、对狗三方面的社会化不足。

这个时候，志愿者开始紧张了。因为一条不亲人又性格敏感的流浪狗很难成功送养，于是我们赶紧将这条狗带回犬舍安置，安排受训矫正。

我们每天带这条狗出门散步，同时辅以服从训练，让它的性格稳定，让它的敏感度降低。我们也请莅临犬舍的客户们去看看它、去摸摸它、去喂它好吃的零食，让它越来越喜欢跟陌生人互动，这即是社会化训练。

二三个月之后，这条狗的敏感性格被我们完全扭转过来了，变得亲人、亲狗，也不害怕环境里的各式声响。不论是对人、对狗或是对环境的社会化训练，我们都在这条狗身上见到了成效，最后在志愿者积极努力之下，成功送养到美国的领养人家庭中。

流浪狗与人

我们先试着了解狗在 怕什么 ，
刚换到陌生环境的狗不熟悉人、不适应环境，
内心会产生紧张感。

所以我们要做的事

冷淡饲养

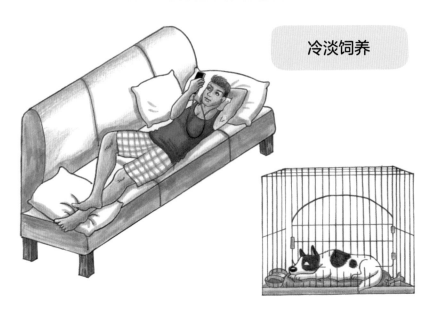

给狗安全感

创造可供躲藏的巢穴

引导狗适应新生活

新生活有新作息，
确认几点喂饭、
散步、上厕所

给狗时间

主人不要太急，
让狗有时间消化
不良情绪

4

让失家的心
重新温暖

独一无二的米克斯犬

狗是人类最好的朋友，我们仔细想想，狗是动物，任何动物如果对其他生物毫无戒心，根本就无法存活在这个世界上。对人类毫无戒心的狗，是被人类给驯化了，代代繁衍，所以今日才会有多种的品种犬出现在人类生活里，与人类朝夕相处。

但是，许多人的饲养方式较随性，或者因为认识不足，放任自己饲养的狗在外面交配繁殖，甚至弃养自己的狗，制造了流浪狗遍布的社会问题。

米克斯犬，即为混种犬，是收容所里数量最多的狗，来源大多为遭人弃养后在街头流浪的狗，以及这些流浪狗交配繁殖出的下一代。基本上，米克斯犬与宠物繁殖业者之间的关联性不高，因为米克斯犬不具有商业利益，宠物繁殖业者不会拿米克斯犬去进行繁殖、买卖。

米克斯犬大多为中型体态，又因为是混种犬，所以大多数的米克斯犬都长得身强体壮，极少出现有遗传疾病的米克斯犬。

普遍来说米克斯犬的先天性格是温和的，只有在被人类虐打和不正确饲养管理方式之下，才有可能出现具攻击性的性格。米克斯犬的性格稳定、相貌独特，加上社会大环境对流浪狗的动物保护意识抬头，近几年来，已经有越来越多的人收养、饲养米克斯犬。

米克斯犬与台湾犬是两种不同的狗，虽然有些米克斯犬的相貌看起来与台湾犬相近，但是他们的基因完全不同。米克斯犬是混种犬的英文音译，而台湾犬则是中国台湾特有的。

台湾犬与台湾犬交配繁殖会生出小台湾犬，无论是骨骼架构、体型大小、被毛配色和毛质毛量都可依据FCI（世界犬业联盟）认可的台湾犬犬种标准来判断。米克斯犬与米克斯犬交配繁殖，会生出小米克斯犬，其骨骼架构、体型大小、被毛配色和毛质毛量等无法预估判断。因此有许多人说，每条米克斯犬都是独一无二的意外惊喜，它长大后体重可能只有十几千克重，也有可能长成20千克重，甚至长成高达30千克重的大型犬，米克斯犬的体型大小是完全无法预估推断的。

　　收容所内的流浪狗中，米克斯犬占了约八成，不论是米克斯犬还是品种犬，我们领养流浪狗时，在饲养管理方法上，我有一些建议。

破碎的心理创伤

狗跟人一样，都是有思想、有情绪的动物。有些狗的个性大大咧咧、对谁都好，每天看起来无忧无虑；有些狗却总是一副看起来很忧虑的模样。流浪狗在外生活时，每天为了生存所展现的生命本能，让它吃尽了苦头。它可能变得不愿意亲近人类，虽然不见得会攻击、咬人，但总是离人远远的。

如果你领养了一条看起来很忧郁的流浪狗，在狗回家后，请记住这"三不"：
◆ 不要急着想要它主动过来找你。
◆ 不要急着教它在哪里大小便。
◆ 不要急着教它坐下、握手等把戏。

请给它一些时间，让它适应你给的新环境，让它熟悉你与它共同生活在同一个空间。大多数时间，你只需要冷处理，它会自然而然地慢慢消化自己不安的情绪，进而开始愿意主动亲近你，愿意配合做一些能够让它得到称赞奖励的事情。

一般来说，狗在换新环境时，通常需要1~2周的适应期。这段时间里，对狗冷处理是最理想的方式。也许狗会一直缩在屋内一角，你也别刻意把它拉出来。如果它对你的抚摸感到畏缩害怕，你也别执意去抚摸它。

相信我，给狗一些时间，它自然会消化自己的不安情绪，并且渐渐接纳你。

流浪狗园的管理和需要的团体训练

不论你养了几条流浪狗，不变的原则有以下几点。

◆ 确保绝育，避免再生育。

◆ 确保足够饮食，避免狗因饥饿而死亡，甚至演变成同类残杀。

◆ 有足够的医疗资源，最基本的是定期打疫苗等，让狗远离病痛与寄生虫的折磨。

◆ 分区饲养管理，按照"老弱妇孺"进行分区，避免产生弱肉强食的打架流血事件。

◆ 合理布局，定期清洁笼舍，杜绝环境污染，预防生病。

◆ 定期帮流浪狗洗澡美容，让它看起来容光焕发、生气勃勃。

◆ 足够的室外自由活动空间，阳光是所有生命都需要的。

◆ 开放外来访客的探视与互动，让流浪狗在有机会步入领养家庭时，能够懂得与人类互动相处。

◆ 领养资讯公开透明，让流浪狗也有机会拥有一个爱它的家人。

◆ 根据人力和使用空间能力收养流浪狗，千万不要超收。否则不但无法顾及流浪狗生活品质，就连你自己的生活品质都会赔进去。

我们再谈谈关于流浪狗园的团体训练。团体训练的原则是以"方便管理"为主，若流浪狗具有攻击性导致无法饲养管理、无法顺利领养，或是具有散步暴冲、过度兴奋等问题行为，或是患有忧郁症、强迫症，基本上，仍要根据各自情况一对一单独矫正训练。

团体训练最重要的是规律的生活作息，例如几点钟吃饭、几点钟自由活动以及几点钟就寝睡觉。狗是与人类的生活作息时间相仿的动物，日出而作，日落而息，只要维持一段时间，你就可以更有效率地管理你的狗园。

你可以想象自己是动物园的饲养员，当你所饲养管理的动物有着规律的生活习惯时，代表着你可以有效地安排你个人的时间，例如去采买物资，或是带需要就诊的动物去宠物医院。如此一来，狗园里的狗就不会每日都处在乱哄哄的环境里，你也不会因为忙着安顿它们而无法更有效地安排时间做其他需要做的事情。

后 记

一直被模仿，从未被超越！

感谢读者们阅读了我的拙作，相信你们都跟我一样重视狗的教育！孔子说过教育要"因材施教"，这句话也能套用在教育狗上，也是相同的道理。

和裁缝帮你量身订制的衣服最合你的身一样，狗的教育也应当是由训犬师为狗量身订制训练矫正课程，才能见到成效。适合这条狗的训练矫正课程，不见得会适合那条狗，更不见得会适合你的爱犬。

书中曾提到每一条狗的性格都不同，即使是同一胎所生的狗其性格也可能截然不同。一位优秀的训犬师会细心留意观察、测试和判断每条狗的性格，运用训犬师本身的知识、经验和技术，为狗设计出一套专属的训练矫正课程，绝不会"用一帖药行走天下"。

再者，人类的医生均分门别类，骨折看骨科、心血管疾病看心内科、生小孩看妇产科、中耳炎看耳鼻喉科，大家去就医治疗时绝对不会找错医生、看错病。训犬师在工作、知识与技术的属性上，也有不同的领域。搜救犬训练、导盲犬训练、防护犬训练，以及表演马戏训练，都有该领域的专业人员。换句话说，狗的异常行为训练矫正，也是一门独立的学问，找对训犬师真的很重要。

在这个信息爆炸时代，上网可以很轻易地找到关于犬只训练的文章，或是来自于网友的四面八方的信息。这些内容与信息里藏着很多错误，若全部照单全收，只会有害而不会有益。

每一条狗都是独立的个体，教育应该因材施教，而狗的异常行为训练矫正，绝非靠模仿就能够成功。网络上、书籍杂志上的所有训练矫正方法，自然也包含了这本书在内，我的看法是，都只能够仅供参考。针对狗的异常行为问题，建议一定要与好的训犬师密切合作，根据狗的不同年龄、不同生理状态、不同生活环境，给予其所需的协助。

教育无法模仿，超越困境就是成功，祝福你与狗拥有幸福的每一天。

图书在版编目（CIP）数据

别乱教你的狗 / 汉克著. —北京：中国轻工业出版社，
2020.10

ISBN 978-7-5184-3111-3

Ⅰ.①别… Ⅱ.①汉… Ⅲ.①犬－驯养 Ⅳ.①S829.2

中国版本图书馆CIP数据核字（2020）第135590号

责任编辑：王 玲　　责任终审：张乃束　　整体设计：锋尚设计
策划编辑：王 玲　　责任校对：晋 洁　　责任监印：张京华

出版发行：中国轻工业出版社（北京东长安街6号，邮编：100740）

印　　刷：艺堂印刷（天津）有限公司

经　　销：各地新华书店

版　　次：2020年10月第1版第1次印刷

开　　本：720×1000　1/16　印张：11

字　　数：200千字

书　　号：ISBN 978-7-5184-3111-3　定价：49.80元

邮购电话：010-65241695

发行电话：010-85119835　传真：85113293

网　　址：http://www.chlip.com.cn

Email：club@chlip.com.cn

如发现图书残缺请与我社邮购联系调换

200157S6X101ZYW